9割は無駄。

活得自在

［日］志茂田景树 著

陈旭 译

中国科学技术出版社
·北京·

Original Japanese title: 9 WARI HA MUDA.
Copyright © 2022 Kageki Shimoda
Original Japanese edition published by ASAPublishing Co., Ltd.
Simplified Chinese translation rights arranged with ASAPublishing Co., Ltd.
through The English Agency (Japan) Ltd. and Shanghai To-Asia Culture Co., Ltd.

北京市版权局著作权合同登记　图字：01-2023-0621。

图书在版编目（CIP）数据

活得自在 /（日）志茂田景树著；陈旭译 . —北京：
中国科学技术出版社，2023.5
ISBN 978-7-5236-0054-2

Ⅰ . ①活… Ⅱ . ①志… ②陈… Ⅲ . ①人生哲学—通俗读物 Ⅳ . ① B821-49

中国国家版本馆 CIP 数据核字（2023）第 036108 号

策划编辑	杨汝娜	责任编辑	杜凡如
封面设计	创研设	版式设计	蚂蚁设计
责任校对	吕传新	责任印制	李晓霖

出　　版	中国科学技术出版社
发　　行	中国科学技术出版社有限公司发行部
地　　址	北京市海淀区中关村南大街 16 号
邮　　编	100081
发行电话	010-62173865
传　　真	010-62173081
网　　址	http://www.cspbooks.com.cn
开　　本	787mm×1092mm　1/32
字　　数	75 千字
印　　张	5.875
版　　次	2023 年 5 月第 1 版
印　　次	2023 年 5 月第 1 次印刷
印　　刷	北京盛通印刷股份有限公司
书　　号	ISBN 978-7-5236-0054-2/B・126
定　　价	59.00 元

（凡购买本社图书，如有缺页、倒页、脱页者，本社发行部负责调换）

前言

最近我开始真切地感受到,我们已经进入了"人生百年时代"。我们周围的百岁老人已经不像原先那么少了。

如果说人生一场,九成努力都是白费的,那么对于百岁人生而言,我们至少要浪费90年的光阴。听我这么说,大家可能会感到很吃惊,难道我们一辈子就这么白活了?

其实不然。那么,我这里说的"白费"到底是什么意思呢?

比如,有人坚持睡8个小时,也有人觉得睡7个小时就够了,甚至有些人每天只睡五六个小时依然精力旺盛。

2017年春,77岁的我患上了类风湿关节炎,直到发病之前,我每天只睡5个小时。我从不用闹钟,睡足5个小时就能立刻醒来,从不赖床。直到每天就寝前,我都能精力旺盛地工作或沉浸在兴趣爱好中，根本不需要长时间的休息。

然而生病之后，我的睡眠时间越来越长，不知不觉间我开始睡足8个小时了。类风湿关节炎是一种全身性疾病，它会导致人体的自我恢复能力断崖式地下降。但是，我从来没有想过"从5个小时睡眠调整到8个小时睡眠，就是浪费了3个小时"，因为我现在确实需要睡足8个小时。

尽管人们的睡眠时间不尽相同，但睡觉本身不能算浪费时间。真正的时间浪费往往发生在我们醒着的时候。发呆算不算虚度光阴？有时候，我们发呆是为了缓解身心的疲惫，这是睡眠所不能替代的。发呆可以让大脑休息，或者进行深度探索，放空思绪可以让灵感如烟火般有一个绽放的空间。所以，发呆也不是白费功夫。

下面我们谈一谈沉湎于赌博和依赖酒精之类的成瘾现象。赌博会把一个人的理智消耗殆尽，越输越想再搏一搏。等到他们幡然悔悟,却发现自己已经无可救药,家人、朋友也早就放弃了他们。

曾经有人和我讲述他的经历。这位朋友在人生陷入谷底之后才幡然梦醒,认识到自己曾经的愚昧无知。如今他身无分文,只能寄居在小钢珠[①]店里。他的这种做法真是新奇。因为一般人被小钢珠和自行车赛赌博害得倾家荡产后,再找工作肯定会尽量避免接触这些的。

但实际上他的选择才是正确的。因为在小钢珠店工作,所以他每天都能亲眼看见那一台台机器下掩藏的坑人陷阱和种种悲惨的结局。即便他还留有残存的瘾,却再也不会被这一鳞半爪的瘾勾走魂魄了。

他已经戒除了毒瘾,如今的工作包两餐、提供住宿,他甚至还能攒下点钱。后来他拿到了房地产评估师职业资格证,跳槽到了一家二手房中介机构

---

① 日本的一种赌博机,也叫柏青哥、弹子机。——译者注

工作。再后来，他索性辞职创业，如今生意做得有声有色。除了向大家分享做生意的经验，他还作为戒赌公益讲师，把自己的赌瘾经历当作反面教材，辗转日本各地举办演讲。

那么，一度因为赌博而至身败名裂，这到底算不算是毫无意义的经历呢？当然不算！因为曾经的悲惨遭遇也能帮你重获新生。

下面谈一谈我的故事吧。

我在大学期间曾经留级两年，之后便毕业工作，开启了我不断跳槽的人生。如果讨厌的领导骂我两句，我就会直接"炒"了他；如果我的业绩迟迟不能提高，我便会主动辞职。

后来，我在一家公司工作了半年多，认识了一个女生，她成了我的女朋友。恋爱之后，我的想法才慢慢发生变化。我的女朋友虽然爱玩爱闹，但十分喜欢读小说。有一天，她把自己读过的小说全都堆进了公寓狭小的储藏室里。那时候，我刚从一家公司离职，处于待业状态。于是，我养成了一个新习惯，那就是一本本地"捡"她读过的小说读。

后来我发现，她就是想让我读书，才特意将小说堆在储藏室里的。如今想来，她大概是看透了我潜意识里的愿望吧。

那段时期我辗转在私人侦探、信用调查员等调查类岗位，跟她结婚的时候，我正在做保险调查员的工作。养成读书的习惯也算是我从根本上做出了改变。

有一次，因为工作关系我前往秋田大山深处的一座村落进行考察，我采访了一户人家，这家户主刚好是猎户首领。那群猎户如今仍以狩猎野熊为生。我采访的老猎户绘声绘色地讲起了他狩猎的往事，让我忘记了手里的工作，忘记了时间。

调查员的工作需要频繁出差，因为实在太累，所以我开始酗酒，并且过得并不轻松。后来由于我平时太不注重健康，因此患上了阑尾炎，随后病情恶化，引发了腹膜炎。在病情最严重的两三天里，我一直在生死线上徘徊。

我住的医院是一家环境不太好的社区医院，我跟院方表示自己的身体已经恢复，希望尽快出院，但是院长是个热心肠的人，他说我刚从鬼门关走过一遭，还是住院疗养为好，所以我只能继续住在那儿干耗着。

后来我才知道，这家医院的床位压根就没满过，怪不得院长那时候非要留我。不过，也正是在这家医院，我完成了人生中的第一部小说。

住院期间，有位朋友来看望我，他在早稻田大学读西方哲学史，一共花了8年才毕业，真是个狠人。我把自己写的小说拿给他看后，他对我说："你去报名参加新人奖比赛多好啊，我不敢保证你一定能得奖，但这绝对是一部佳作！"

最后，这部作品进入了第二轮评选便止步不前，但我相信只要自己埋头苦干，肯定能做出成绩。随后，我继续过着跳槽不断的人生，整整花费了七个春秋，才喜获小说新人奖。

获奖后的第四年，我又凭借一部描写猎熊人的小说《黄牙传》（讲谈社）获得了直木奖[①]。

我这辈子有三分之二的时间都在跳槽，谁能想到我最后会走上作家这条路呢？我曾经陷入强烈的自责，觉得如果自己再继续饱食终日、无所用心，迟早会把自己毁掉，还好我的人生终究没有虚度。

假如有个人想要种出自己喜欢的花，那么他肯定要从培土育苗、发芽长叶子再到茎叶盘绕，每一步都殚精竭虑。从播种到开花需要很长一段时间，种花人一开始就知道，这过程中的每一步都不是浪费时间。

人的一辈子也和种花一样，如果你不相信自己能开花结果，那么在人生的长途跋涉过程中，你一

---

① 日本著名文学类奖项。——译者注

定会失去希望。

那么,我们到底有没有虚度光阴?有没有无所作为地任由时间流走?答案其实并不重要。因为"人活一世,九成虚度",而真正的幸福就在这剩下的一成中。要记住,看似虚度绝非虚度,人生志趣就在其中!

咱们在正文中再见。

目录

第1章 寻找10%的幸福 / 001

- ▶ 生命只有一次 / 003
- ▶ 幸福之光能驱散阴霾 / 010
- ▶ 发展强项吧 / 015
- ▶ 偶尔也可以偷懒哦 / 019
- ▶ 努力克服一次次困难 / 024
- ▶ 严于律己，宽以待人 / 029
- ▶ 逃避虽可耻但有用 / 032
- ▶ 现在决定未来 / 037
- ▶ 感动的片段能熄灭内心的恶意 / 042
- ▶ 今日如此美好 / 047

第2章 可以没有希望 / 051

- ▶ 幸福也可以很简单 / 053
- ▶ 勇敢面对失去希望的现实 / 057
- ▶ 失败了也要站起来 / 062
- ▶ 今天一定会顺利 / 067

- 想做就做吧 / 071
- 认真做就好 / 075
- 年少有为知进退 / 081

第3章 人们应该互帮互助 / 085

- 愿你天黑有人牵 / 087
- 与人为善,予己为善 / 091
- 陪伴是最好的安慰 / 096
- 学会善待他人 / 099
- 总有人默默守护你 / 104
- 贬低你的人越多,证明你越优秀 / 108
- 成为疗愈他人的人 / 113
- 包容别人,就是成就自己 / 117
- 真心换背叛,你又何必伤感 / 121
- 知心密友无须太多 / 126

第4章　别担心，没关系，这就可以了 / 131

- 不要好高骛远 / 133
- 停止自责吧 / 139
- 让时间冲淡一切 / 144
- 好好休息一下吧 / 150
- 理解他人的痛苦，是对自己的救赎 / 154
- 将不安化作希望 / 158
- 别担心啦 / 161
- 仰望星空发现星并不远 / 165

尾声 / 171

第1章
寻找10%的幸福

生命只有一次

生命只有一次，放手一搏才是真理。

拼搏会给我们带来什么？

不能参透这一生活奥秘，我们难免会陷入困境。

人生只有一次,你要如何度过?

想要找到这个问题的正确答案,那就只能拼搏。既然人生只有一次,若你还是唯唯诺诺、畏葸不前,那你的人生将过得毫无意义。你要记住,问题的关键在于生活奥秘。换言之,就是我们拼搏的依据。

拼搏会给我们带来什么?只要弄清楚这个问题,我们就能在拼搏的过程中自然而然地知道我们应该何时拼搏、如何拼搏、陷入僵局的时候又该怎么突破难关。

从我的经历来看,虽然我为自己拼搏过几次,但竭尽全力的拼搏仅有一次。下面,我就来和大家分享我这次全力拼搏的经历。

我和妻子恋爱两年后结婚了,不过我们所谓的新婚生活只是搬去了一间新的公寓,除此之外,生活一如往常。妻子工作稳定，而我却还是接二连三地跳槽。

后来，我的"跳槽人生"发生了一些变化。正如我在前言中所讲的，由于我平时的生活习惯太差，导致我阑尾炎发作，并引发了腹膜炎，结果硬是在医院躺了一个月。正是在这家医院，我写出了我的处女作，而且我凭借这部小说参加了某家杂志社组织的新人奖评选，并顺利通过初选。当时，我觉得只要自己再下几年功夫，就肯定能做出成绩，于是欣然继续写小说准备参选。

当时我是一名保险调查员，我认为既然自己已经下定决心要成为一名作家，至少也应该先做一些与出版相关的工作，于是我又成了一名报社记者。但直到这时，我也还是没能戒除"跳槽瘾"。我先后做过小型出版社、铁路行业报刊、女性杂志社、综艺节目导航刊物的记者。大部分时候我仍保持着半自由撰稿人的身份。此时，我已经连续三四年参加新人奖评选了，我的作品多次被提名为获奖候选作品，但因为总是有其他更优秀的作品，所以我一次次与新人奖失之交臂。

这样的状态持续到第二年，我预感这次的作品一定会让我一举成名，结果这部作品果然进入了最终的评审阶段。本以为这次的新人奖我一定能如愿收入囊中，但仍旧错过了。

我突然觉得自己真是烂透了！我灰心丧气，怀疑自己没有才能。

那时，我不再从事新闻记者的工作，转而开始担任综艺节目导航刊物和女性杂志的主编。后来有人找我代写书，也有人让我写非小说类著作。我想，是时候和小说"诀别"，成为一位自由撰稿人了。毕竟这能大大增加我的收入，而且妻子已经怀了二胎，更让我坚定了要获得稳定收入的决心。

但是，自由撰稿人、非虚构作家的道路与小说作家的道路看似相近，实则背道而驰。自由撰稿人要在规定的主题和页数限制下进行创作。写出的作品如果不能引起读者兴趣那就没有出路，因此高超的写作技巧必不可少。这项工作和自由创作完全不同。虽说只要写出的非虚构作品的水平够高，它也能成为佳作。但是如果不能长年累月、亲力亲为地做好实地采访，也写不出像样的非虚构作品。虽然我也喜欢在资料和史料中寻宝，但让我走入寻常巷陌实地考察，确实让我很难接受。

不论如何，我理想的创作形式是，在写实的基础上加上天马行空的想象来吸引读者，我想要再现由我原创的故事世界。这是我唯一的出路。

到底是写实还是浪漫？我冥思苦想。你千万别告诉我"反正你也写不出好作品"。我在前文也说过，这次我要彻底转型。

我本想一如既往地先把手里的稿子写好，再专心写自己用来参选新人奖的作品，但现实是，我一个字都写不出。因为我始终想不明白自己的风格到底是怎样的，我甚至找不到自己写作的理由。

这种状态持续了很久，直到某个深夜，妻子给我拿来了一小块蛋糕和一杯红茶。我喃喃地对她说："我看我还是放弃当小说家吧……"

那时候，我的大儿子已经三岁了，明年老二就要出生了。我认为她肯定会把提高收入放在第一位，所以绝对会赞成我的想法。但没想到，妻子还是想让我再赌一把，她当即表示反对："我不同意，你一定要坚持到底。家里的事你不要担心，总会有办法的。"

听她这么说，我的心里好像有什么东西崩塌了，似乎是我的畏难心态，毕竟我的作品接二连三地卡在了提名阶段，与大奖失之交臂。不知不觉间，我已经给自己砌起了一道高耸入云的墙壁。

想及此处，我的内心又出现了一个声音——索性就描写人物吧！

于是，我开始回忆此前参赛时评审委员会对我的作品的评价。他们都觉得我比较擅长讲故事，但我写出的作品好像长篇小说的故事大纲。想明白了之后，我便不再受情节的束缚，专心描写起小说人物，后来我完成了短篇小说《费劲大侦探》（讲谈社）。这次我参选的奖项与以往不同，我准备挑战现代小说新人奖。1976年，我的次子出生了，大约过了2个月，我终于在同年秋天获得了新人奖。

只要拼搏，就能找到正确答案。如果我不拼一把，那么4年后我就不可能获得直木奖，我大概只能靠版税糊口，最终创作欲望枯竭，彻底离开文学界。

该拼搏的时候就拼一把吧，哪怕只有一半胜算。

幸福之光能驱散阴霾

不要觉得自己不幸，

去寻找你那10%的幸福吧。

10%的幸福之光能驱散90%的阴霾。

你有过这种想法吗？在这个世界，幸福只占10%，剩下的90%都是不幸。

确实如此，但这又有什么关系呢？

几年前的早春，我在院子里的树上搭了一个鸟窝。鸟窝的入口刚好能钻进一只大山雀。可三年过去了，却没有一只鸟愿意在这个鸟窝里安家。每年早春时节，偶尔有成对的大山雀飞过来打量鸟窝，然后蹦到鸟窝上叼走几根小树枝就叽叽喳喳地飞走了，或者只是立在鸟窝入口的边沿，朝里面瞄几眼。

我和妻子常常扒着窗帘窥伺它们的一举一动。妻子带着祈求的语气嘟囔道："多漂亮的'公寓'啊，就住这儿吧，别挑了！"可是鸟儿们最后还是扑棱一下就离开了。后来又飞来了几对鸟，但结果也只是"视察"一遍就飞走了。

我觉得之所以大山雀看不上我们的"鸟公寓",主要有两个原因。第一,我和妻子窥伺鸟儿的地方离鸟窝只有两米。野鸟都很胆小,它们稍微受到点惊扰就会惊慌失措。第二,我们当初搭的鸟窝入口对于大山雀的体型来说还是宽了点。

不久前发生的一件事对我的触动很深。

有一只麻雀停在了鸟窝附近的树枝上,不一会儿又飞来一只麻雀。然后两只麻雀就在鸟窝周围的树枝上蹦蹦跶跶,似乎在确认在这里生活方不方便。

"有客人来看房了哦!"妻子听到我的呼喊,连忙赶了过来。大山雀不会在这儿安家,但是麻雀似乎不怕被人类惊扰,不会像山雀一样突然飞走。"原来是只小麻雀呀!"妻子似乎有点失望。

不一会儿,两只麻雀中更瘦小的那只钻进了鸟窝。这么看来,在鸟窝外喳喳直叫的那只是雄鸟啊!后来另一只雌鸟从鸟窝里探出了半截身子,好像在努力地向外钻。雄鸟见状，赶忙用嘴叼着雌鸟胸脯上的羽毛，把它往外拽，最后雌鸟终于钻出来了。可是，最后这对麻雀还是飞走了。

妻子好像被感动了，她说："我被它们感动了。这也算是夫唱妇随了吧？麻雀还真是通人性啊！"那年过后的每年春末，妻子都因为鸟儿不肯入住鸟窝而长吁短叹。她满脸透着遗憾，总是告诉我"看吧，今年还是没有鸟儿来我们搭的'公寓'里住呢"，这样的状态持续了好几年。像当年那种感动的状态甚至持续了不到一分钟，刚好是那对麻雀飞来又飞去的时间。

这已经不是10%的幸福了，这是一瞬间的幸福啊。正是这一瞬间的幸福，冲散了郁积多年的阴霾。但这件令人感动的小事仅仅过去了10天，妻子就又开始感到不幸，她嘟嘟囔囔道："哎呀，今天大山雀还是没来呢。"这就叫"江山易改本性难移"，她又回到从前了。

所以，大家一定要努力寻找那10%的幸福。如果找到了幸福，就一定要莫失莫忘！

发展强项吧

锻炼一两个强项,
弱项再多也无须挂怀。
磨炼出的强项能弥补所有弱项。

每个人对强项和弱项的看法都不同。很多人见到他人的长处感觉很羡慕,也想朝这个方向发展。但其实每个人拥有一个强项,就会相应地有十几个弱项。只不过因为弱项并不会令人羡慕,所以不太明显罢了。我想说的是,他人的强项和弱项其实没那么重要,重要的是了解自己的弱项,发展自己的强项。补齐短板谈何容易,但人的强项总是越磨越亮的,所以赶紧发现自己的强项吧。如果不能发现自己的强项,就会觉得自己一无是处,变得极度自卑。我以前就是这样的。

1945年8月15日,我5岁,年长我15岁的哥哥死在了战场上。我还有两个姐姐,二姐比我大8岁。因为我的年龄很小,所以备受父母溺爱。我长得弱不禁风,个子很矮,根本看不出已经5岁了。父母都说我是个可怜的孩子。

我是1940年3月25日出生的，上了小学之后，我发现班里一些比我早一年的4月、5月出生的学生看上去比我要年长好几岁。

我的运动能力很弱。仅从50米赛跑成绩来看，我就比其他同学差一大截。别人都冲过终点线了，我离终点还有十多米。一到运动会，别人跑过观众席，迎来的必然是观众的笑容和掌声。而我呢？喝倒彩的人倒有不少。

就算是学习方面，我也比不过同龄的学生。我感到自己一无是处，非常自卑。但是，40多岁的班主任却夸奖我说："你认识的汉字可真多啊，记性又好，作文写得也很不错哦！"于是我恍然大悟："原来我的才能体现在这个方面啊。"多年后我才想到，这一切多亏了妈妈在我小时候经常读画册给我听。

班主任的鼓励我一直牢记于心。于是，我爱上了阅读，小学高年级的时候就开始读那些大人才能看得懂的书。虽然我走了很多弯路,直到后来才立志成为一名作家,但我相信这一切的起点都是小学时班主任对我的鼓励,是她让我发现了自己未曾发现的长处。

我相信即便是现在,我也有很多弱项,只不过它们都隐藏在了我的字里行间。人一定能发现自己的强项,人的强项也一定会被他人发现。发现自己的强项,同时不要过度关注自己的弱项。砥砺复砥砺,琢磨复琢磨!

偶尔也可以偷懒哦

不要过度努力,
这样既不酷又会搞垮身体。
偶尔偷个懒也可以,
但是该努力的时候就要全情投入。

我年轻的时候经常换工作，跟各种各样的人都打过交道。现在的人几乎都不怎么用电话簿了，人们几乎很难想象互联网时代到来之前我们这一代人是怎么工作的。当时，我们要根据不同行业归纳电话黄页①，结果越攒越多，几大本黄页堆起来都能当凳子坐了。

每年下发新黄页的时候，公司都要聘用很多兼职人员。等新黄页发完之后，卡车里又装满了退回来的旧黄页。我曾经见过一辆货车上有几个打零工的年轻人押车，他们很擅长整理旧黄页，摞上四五本黄页就能当凳子坐，嘴里叼着烟卷，好像是坐在观礼车上巡视一般。可是黄页是可燃物啊，要是现在还有人这么干，肯定会被路上的行人谴责的。

---

① 国际通用的印刷电话号码簿的纸张是黄色的。——译者注

说句题外话，当年还有按照不同行业划分、具有广告宣传功能的黄页。我就在这类广告公司工作过。我们公司是原日本电信电话公社（现NTT）下面的承包商。我当年在公司内的职位是销售主管，我的领导是前任电话局局长，他曾经是陆军下士官[①]。

我们公司会在墙上贴一块业绩板，把每个人的业绩用柱状图表示，我的领导天天拿着一把竹刀[②]，边敲业绩板边训我们："喂！志茂田，看看你的业绩吧！你能不能要点脸？今天要是再完不成任务你就别睡觉了！"反正他说他的，我干我的，我只是满口答应，实际上是左耳进右耳出。

我负责的区域是日本的不夜城——新宿，所以我的客户都是那些饭店的老板。他们要是有心做

[①] 旧日本军队的称谓有个特殊之处，他们把将官和尉官通称为"士官"，准尉军衔称为"准士官"，而曹长、军曹和伍长称为"下士官"。——译者注
[②] 一般在练习日本剑道时使用。——译者注

生意，通宵营业也是常有的事。公司里有一位前辈的业绩比我好，但情商比较低，所以他成了领导发怒的"活人靶子"。"你这段时间的业绩是怎么回事？太难看了吧？你还不知羞！"然后领导又用那把破竹刀"梆梆梆"地敲着业绩板对他吼道："你周末两天的休假取消！你要是个爷们儿，就给我做出点儿成绩！不眠不休地做！"结果那位前辈当即跪坐在地板上答道："我保证，就算不眠不休也要做出成绩给您看！谢谢您对我的批评。"说罢，还俯下身来给领导行了个大礼。

用现在的话说，他算是出大糗了，我都替他害臊。但是，后来这位前辈的业绩似窜天猴一样飞速提高，他就连周末也像小蜜蜂一样辛勤工作。但他这么做实在是太拼命了。后来，有一天他没来上班，我以为他离职了，结果听说他病倒住院了。

我们公司还有几个同事的业绩好得吓人，我要是不想努力，就向他们借点业绩。等我想努力了再努力,有借有还,再借不难嘛!

你看,过分拼命一点儿都不酷,而且还会出事。谁想过度拼命就让谁拼命吧,对自己好一点。但是,该努力的时候你一定要努力,千万不能掉以轻心。

努力克服一次次困难

人生既无聊又辛苦，
遇到高墙就要想方设法翻越。
翻过一堵高墙后还有更高的哦！
反正不管你翻越多少堵高墙，
后面的总比前面的更高。
不过，一旦你拼尽全力翻越高墙，
等待你的就是鲜花和掌声。
努力克服困难，勇于面对新困难。
没办法呀，这就是生活。

"人生就是，翻过一座山，越过一道岭，眼前还有一堵墙"，但这种大白话根本算不上是领悟。难道人生只有疲惫和痛苦吗？我觉得人生充满了欢乐。我们不妨用《东海道徒步旅行记》①中的弥次郎兵卫和喜多八来举例说明。

《东海道徒步旅行记》这部小说的有趣之处在于弥次郎兵卫和喜多八两人的种种失败遭遇。不论是行路还是吃饭、住店，两个人总要闹出点矛盾，甚至引发骚乱把外人卷入其中。下面我们就来看几个例子。

> 小田原旅馆是东日本地区少有的能提供"五右

---

① 描写日本江户时期风土人情的市民阶层的小说。——译者注

卫门浴桶①"服务的旅店。由于五右卫门浴桶底部是用直火加热的小灶台，因此需要把一块木板先沉入水底，人再踩着木板泡澡。而弥次郎没有用木板，他赤足跳了进去，结果被锅底烫得哇哇乱叫，后来他索性就穿着木屐泡澡。喜多八见状，也穿了双木屐爬进了浴桶。但是浴桶里的水太烫了，他被烫得在浴桶里不停地蹦跶，最后踩翻了浴桶，闹了大笑话。

在蒲原旅馆，喜多八被同住在一家旅馆的巡礼者的女儿勾去了魂，趁着夜深人静和姑娘偷偷约会，结果错钻进了旅馆老板娘的被窝。

有一次弥次郎在路边抽奖，开奖时，他看到自己中了一百两的大奖，乐到发癫。结果他买对了号码却看错了期号，丢了大脸。

在去往京都的客船上，弥次郎竟然用了别人的茶

---

① 日本的一种浴桶，采用直火加热方式。因日本战国时期大盗石川五右卫门而得名。——译者注

壶当夜壶，最后还把那壶尿当茶喝了。

他们丢人现眼的事多不胜数。

据说，这本小说的作者十返舍一九为人放浪形骸，喜欢旅游。我猜他在旅途中也闹过不少笑话。同为作家的我可以断言，只有这种经常闹笑话的人才能写出这么诙谐幽默的小说。当然，小说中也有不少桥段来自他的见闻，但至少这些内容都记在他的大脑里。

写出一个桥段之后，如果还想再写第二个，那么作者必须跨过中间那堵高墙。而且这堵墙只会越来越高，越来越坚固。作家想要翻过这堵墙，就要想出新的桥段。这可真是任重道远啊！但是十返舍一九对此却甘之如饴，所以他才成了日本历史上第一个靠"笔杆子"吃饭的人。

此身往彼世，

闲适恰似香炉烟，

永辞人世间。

——十返舍一九的辞世诗

"此身往彼世，闲适恰似香炉烟"表达了作者虽即将离开人世但反而感到轻松的心态。作者把人生比作烧香，吞云吐雾，最终化作一抔灰土。这体现了他的幽默与豁达。

看来我们应该从小就爱上翻山越岭，突破一道又一道的高墙。既然无法逃避，那就勇敢攀登吧。这样的人生值得你去挑战！

严于律己,宽以待人

对自己要足够严格,
对他人要尽量宽容,
这样才能做出实事求是的评价。

包括我在内,很多人都太娇惯自己了。特别是那些骄傲自大的人,他们骄纵任性,活在自己的世界里。他们好比井底之蛙,只有感到骄傲的时候才会向上蹿两下,说"看,我厉不厉害"。而其实井底之蛙从黑漆漆的井底爬上来,两眼一团黑,根本看不到周围的一切。这世上有些人比我在上文中形容的更自傲。

我留级的那段时间,在辅导班当兼职老师。我主要负责维持学生们做习题册和试卷时的课堂秩序。有两个学生就读于同一所小学,他们是竞争对手,在学习上互相较劲。我们就叫他们小宽和小严吧。

有一次考完试,我问小宽:"你猜你这次能考多少分?"他不假思索地答道:"90分。"我又问了小严,他顿了顿,谦虚地表示自己只能考80分。但考试的结果正好相反,小宽考了80多分,小严考了90多分。

后来，小宽觉得不可思议，就来找我评理。于是，我拿着他俩的试卷给小宽分析。

为什么小宽会有这样的反应呢？因为小宽太看重分数了，他对自己的期待值太高了。而小严性格稳重，即便他觉得自己能考90分，也会说自己只能考80分。自那之后，小宽变得更加积极向上，比小严还要努力，对于分数的预期也降低了些。我从辅导班辞职时，小宽的分数已经超过了小严的分数。

过了八九年后，我在山手线的电车上偶遇了小宽。他现在已经是公立名校的大学生了。

对自己要足够严格，对他人要尽量宽容，这样我们才能做出实事求是的评价。只有努力攀登，我们才能保持进步。

能常积极向上，终获大成的人，往往严于律己。不论做什么事，都对自己严格一点吧！

逃避虽可耻但有用

有些时候，有些问题只能靠逃避来解决。
如果有关人际关系或工作的问题难以解决，
逃避也是一种选择。

父母经常告诉我们，一旦有了目标就不能半途而废。我认为，他们说的固然有些道理，但是难道只要有目标就能百分之百成功吗？要知道，如果你的目标远大，那么你的竞争对手也会多得数不胜数。

如果你能把不抛弃、不放弃的执着和把握时机的判断力结合起来，那自然是如虎添翼。但当你已经精疲力竭想要放弃的时候，如果仍然相信自己最终的判断，此时你再分析现实情况就会产生"这样下去恐怕要失败"的想法。

这时候你需要的是运用直觉。

下面就要集中精力，权衡利弊了！如果你此时选择放弃，那你今后的人生就彻底毁了。而该放弃的时候却选择逃避，这就是当断不断的不成熟的表现，这才是最差劲的，而且这种性格会让你的人生遭遇巨大损失。而人一旦发现当前的处境危及生命时，自然会不管不顾地夺路而逃，毕竟迟走一步性命就会堪忧，或许逃着逃着反而能获得成功。

古今东西，哪有百战百胜的将军？名将都经历过几次失败。不过，他们虽然经历了失败，却能从失败中吸取教训，最后犹如凤凰涅槃般东山再起。

织田信长①、丰臣秀吉②、德川家康③被称为日本战国三杰。就连他们也是在该逃跑的时候就脚底抹油，难以取胜的时候就偃旗息鼓。特别是织田信长，他其实十分畏惧武田信玄和上杉谦信④这种战争狂人。真正与武田家开战的是织田信长的儿子织田

---

① 1534年6月23日—1582年6月21日，日本战国时代到安土桃山时代的大名（类似中国古代诸侯与半殖民地时期的军阀）、天下人（指统一天下的人）。——译者注
② 1537年3月17日—1598年8月18日，日本战国时代到安土桃山时代的大名、天下人，著名政治家。——译者注
③ 1543年1月31日—1616年6月1日，日本战国时代三河大名，江户时代第一代征夷大将军。——译者注
④ 1530年2月18日—1578年4月19日，日本战国时代名将。——译者注

胜赖，而织田信长从未与武田家正面开战。

虽然织田信长的军队曾经和上杉谦信的军队在手取川对峙，但织田军只是和对方打过几场小规模的战争就吓得魄散魂飞。据说织田军当时望风而逃，直至逃回了其领土的腹地（不过，人们众说纷纭）。如果说这时候的织田信长有3倍动员力的话，上杉谦信恐怕顶多只有1倍。所以织田信长知道，即便他们撤退，上杉谦信也未必敢追。此后，织田信长一心一意等武田信玄和上杉谦信一命归西，到那时候他一定会打一场漂亮的翻身仗。最终织田信长成了日本战国时代的三杰之一。逃跑、逃避、逃脱，最后竟然不战而胜！

或许某些女性正在遭遇丈夫的家暴。当然，如今也有些男性遭遇了妻子的家暴。我曾经接受过一位女性的电话求助，她的丈夫当着五六岁女儿的面对她实施暴力。后来我和她面对面进行了交流。

她的丈夫在一家测绘公司做会计，平时会埋头苦干。周围人都觉得他是个温良敦厚的人，工作多年他从来没跟公司的同事发生过任何矛盾。但是，他每天晚饭时都要喝几杯酒，每次喝到一半就开始发酒疯，先是粗言粗语，之后拳脚相向，愈发暴力。如果孩子被吓哭了，他甚至连孩子都不放过。这位女性曾经带着孩子逃到了好朋友家或者娘家，但丈夫肯定会找上门来，然后放低姿态对妻子的朋友或者娘家人认错，表示自己下次再也不打人了，有时甚至跪下恳求。但是，他就是屡教不改，还是说打就打，说骂就骂。

事态发展到这一步就不是我能解决的了，所以我拜托律师朋友给予她帮助，几年后她终于和丈夫成功离婚了。

不只是家暴，人生中有很多问题只能靠逃避来解决。如果你遇到了会摧毁你的人生，甚至危及生命的大事，不要考虑太多，请快点逃跑吧！不顾一切地逃跑吧！因为"逃跑有时是正确的"。

现在决定未来

你的过去就是你专属的图书馆。

你曾经的经历，

已经学到的经验，

都在不断积累的过程中。

一定要有效利用它们哦！

未来不会藏在过去，

你现在的所作所为决定了你的未来，

而过去的经历很大程度上决定的是你现在的作为。

你的过去就是你的专属图书馆,你的经历都安放在那里等你回顾。这些经历包括你学到的道理、难得的体验以及那些不便向外人明说的经历。这座图书馆里甚至还有你过去的喜怒哀乐以及你尚未进入社会时的过往,简直能和馆藏万卷的现实世界的图书馆相比。而且这是你的专属图书馆,他人无法踏足其中。只有你能回到你的过去,并找到对你未来有用的经历。如果可以的话,一定要有效利用过去的经历。

我们的过去真的能够给我们现在的生活以启示吗?是的。善于利用过去的经历,不仅有利于我们现在的生活,还能昭示我们的未来。但你要知道,问题的关键是,即便过去的经验再有用,如果不能和现实结合,就不能发挥任何作用。

1996年秋天,我在我的公司"志茂田景树公司"内设立了出版部。当时，我被小说的出版任务和各种综艺节目的邀约搞得焦头烂额。我总觉得那些催促我干活的人不过是想把我"吃干抹净"然后一脚踢开而已。于是我的想法变了，我希望从今以后只写自己想写的题材，而且还要写出自己的风格。同时，我也有心发掘那些草根出身的青年才俊，希望他们能在社会上崭露头角。创立出版部或许是因为我萌生了成为制作人的愿望。

事实证明，这个决定太糟糕了。本来作家转行出版行业多少就有些牵强，而且当年出版业由盛转衰，整个行业陷入了长期的萧条、低迷的状态（顺带一提，这种状态至今仍在持续。有些出版社只能靠旗下作家的画册和儿童读物才让业绩稍微好看些。而我们公司2008年7月出版的《只因有你在身旁》如今已经长销12年了）。

面对着入不敷出的经营困局，我决定从过去的人生经历中寻找出路。回忆着过去，我的眉头不禁舒展开来。

两三岁的时候,我经常缠着母亲给我讲画册里的故事。那时候听着母亲的讲述,我感到既舒畅又安心,很快便沉沉地进入了梦乡。我的直觉告诉我,这就是突破口。

于是,我在九州福冈市的一家大型商场举办了一场签售会,在会前我又召开了一场故事会。现场读者的反应超乎了我的想象,不论是大人还是小孩都很快沉浸在了故事的世界中。故事会结束后,有很多小孩表示喜欢我的故事,还想听后续内容。

当年,我们公司还没出版过儿童画册和书籍,所以之前只举办过面向成年读者的签售会,没有给孩子和家长签名售书的先例。我发现给孩子们读故事的过程也是洗涤自己心灵的过程。于是我当时决定,今后我一定经常举办这样的故事会!

不久后,我和妻子轮流担当故事会的主讲人。到了1998年夏天,我们的团队已经扩展到十余人,并结成了"好孩子读书小队"。我们受到了很多读者的支持,这项事业终于走上了正轨。

如果你遇到了困难,不如从过去寻找答案,它不仅能帮助你解决现在的问题,还能昭示未来。每个人的过去都藏着无数的宝藏。

感动的片段能熄灭内心的恶意

如果你感到内心有股恶意在骚动，
就去回忆那些令你感动的瞬间。
例如，最爱的书中最打动你的语句、
最爱的音乐的副歌部分、
最爱的漫画首卷首页……
这样就能给心灵"消毒"了。
当你极度愤怒时，这个方法尤其奏效。
为了在何时何地都能给心灵"消毒"，
你可以把上面这些都存进手机。

如果心里有嫉恨的怒火，不如早点熄灭。不熄灭小火苗，它恐怕会变成能让人身心俱焚的无明业火，你的恨意也可能再难消除，而你的人生就将在这恨意中虚度了。

我有个朋友就是这样的。如果我写得太详细，恐怕有人能猜到我说的是谁，所以我只能告诉大家，这位朋友是个成功的企业家。

朋友之所以能把公司经营得很好，主要是靠他的行动力和他合伙人的策略。当然，他们也聘用了七八个员工。合伙企业如果经营得不好，多半是因为"一山不容二虎"，即合伙人之间意见相左。也就是说，总有一个人要当另一个人的左膀右臂，也总有一个人要当将军，但就怕两个人都想当将军。

朋友的公司就曾经因为计划拓宽销路导致团队不和。我的这位朋友是行动派，他认为热情和勤快才能打破如今的僵局,而他的合伙人则希望以更灵活的手段拓宽销售网络,因此准备探索电商模式。

当时,很多企业都开始探索如何利用互联网的特性经营,并试图转移业务重心,而这次争论正是朋友和合伙人的价值观之战。这场对立似乎无法调和,最后公司被一分为二。

一年之后,这场戏终于迎来了大结局。朋友的公司面临破产,而合伙人的公司则靠电商拓宽了销路,业绩比之前翻了三番。朋友对此感到后悔不已。有一段时间,他一喝醉就跟合伙人的其他朋友倾诉自己的嫉恨之情。他还曾找我诉苦,他似乎把我当成了那个合伙人,把满腔的妒火全都倾吐给了我,我甚至觉得他有点讨厌。

我忍无可忍,对他说:"你不是经常读《草枕》[①]

[①] 日本作家夏目漱石创作的中篇散文体小说。作品讲述了一位青年画工为逃避现实世界远离闹市,隐居山村,追寻"非人情"美感而经历的一段旅程。——译者注

吗?你不是经常说这本书是你的'特殊安神法'吗?"听我这么一说,他瞬间怔住了,看着我的脸一言不发。从那之后,他再也没有跟人说过嫉恨别人的话了。

我的这位朋友十分喜欢夏目漱石的《草枕》,心情好的时候他总会冷不丁地说一句"役于理则头生棱角,溺于情则随波逐流"。这句就是《草枕》开头的两句话。我顶多能背下来四句,但他能背到很后面的部分。

听了我的话,他虽然当场没有表示什么,但从此之后他的怒气好像被彻底释放了一样,回归了平静。我觉得以他现在的心态,肯定又能气定神闲地吟诵《草枕》的开篇了吧。

如果你的内心充满了恶意的波动,就再读一读喜爱作品的开篇,或者重温你最有印象的情节吧。这样一来,你初次阅读这部作品时的感动就会苏醒,你的心灵也会得到洗涤。不论是你偏爱的漫画或者喜欢的歌曲都可以。你要是喜欢看《进击的巨人》[①]，那就去读漫画的第一卷吧，30卷的感动和冲击会如春风一般扑向你的胸怀。如果你是防弹少年团[②]（BTS）的粉丝，那就用英语唱一段《炸药》（*Dynamite*）的副歌部分吧，让感动如水般流淌进你的内心，随着歌声翩翩起舞吧。心中憎恶的冲动会一瞬间被感动熄灭。

我们一起寻找专属于自己的特效药，为心灵"消毒"吧！关键时刻请拿出你的"特效药"尽情使用。

---

① 日本漫画家谏山创创作的少年漫画作品。——译者注
② 韩国男子演唱组合。——译者注

今日如此美好

为了充实地度过美好的一天，起床之后
请告诉自己：
"不论发生什么事情，我都将不为所动。"
如果真的发生了什么事情也无所谓，
因为既然今天如此美好，
那么即使遇到突发事件你也能妥善处理。
等你日后回忆起这特殊的日子就会发现，
自己处理得如此得当，
那天是美好的一天。

下面讲一件很多年前发生的事。

在我20多岁的时候,第二次世界大战刚刚结束15年。我去打零工的公司里既有正式员工,也有一些复员军人在做临时工。

这些复员军人的年龄在三四十岁,因为他们和我们这群兼职学生的年龄差距并没那么大,所以他们也会找我们一起喝酒,而且相较于正式员工而言,他们更喜欢和我们一起吃吃喝喝。他们经常跟我们讲起战争年代的往事,而我们也从他们那儿打听到了不少战场秘闻。

先给大家讲一个秘闻。

有个前日本陆军一等兵,他所在的部队败走新几内亚密林,一支小队有40多人,而最后活下来的仅剩几人。比起战死,更多的士兵死于传染病或者干脆是饿死的。这位老兵当年坐着运输船前往前线的时候，还幻想着要立下赫赫战功而兴奋不已。结果他根本没有想象中的那么有勇气，一想到自己在战场上有可能遭遇不测就吓得战栗不已。

领导他们的中士是个好人，他曾经对这位老兵说："你每天早上起床之后，自己默念10次'我今天绝对不会挨枪子'，这样你的心就能定下来了！"而那位老兵也确实这么做了。

老兵醉眼惺忪地对我说："默念了几天后，我果然不再害怕了。要是没有那位首长的教导，我今天就没机会跟你小子在这儿喝酒聊天了！"

我仿佛也受到了这句话的启发，每天早上起床后，我开始根据自己目前的状况，对自己说"你一定会考上的""你一定能得奖"。

现在我把这句话统一了一下，旨在激励自己每天都过得顺利——"不论发生什么事情，我都将不为所动"。如果什么坏事都不发生，那自然最好，但即便发生了什么事，我也不会为此六神无主，而是能想出最好的处理方式。日后,我也能感慨自己当时处理得多么妥善,所以就连"出事"的那天也变成了好日子。

第2章
可以没有希望

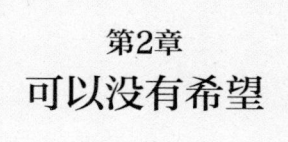

幸福也可以很简单

幸福其实是件很麻烦的事。

即便白天努力工作,晚上尽情玩耍,

也可能丝毫感觉不到幸福,只觉得一阵阵空虚。

如今,我被人从床铺抬到轮椅上就感到很安心了。

我觉得这大概就是幸福了,

开始轮椅上的新生活吧。

如果我大发牢骚:

"为什么我现在才发现坐轮椅这么痛苦啊!"

那也于事无补,不如随它去吧!

幸福是一件很麻烦的事。

20世纪90年代，我忙得不得了，又要写稿，又要参加电视、电台节目，还要举办演讲活动，参加各种活动，总感觉时间不够用。那时候，我每天早上都要手持录音机，以口代笔，录下我想写的内容。碰到状态好的时候，我用1小时就能录下相当于40页、共400字稿纸的内容。当时新干线还有单人包厢，我有时候还会在列车上录音。因为我一般是去大阪演讲，当天回东京，出差全靠新干线，所以新干线的包厢就成了我的临时办公室。

有一次，由于截稿日期将近，我的长篇小说还差三分之一没写完，所以剩余部分我都只能在新干线上录音再找人整理。虽然最终篇幅还是短了一些，但当我在东京站把磁带交给主编的时候，他还是大喜过望地连呼"奇迹"。

后来，我逐渐习惯了这种办公方式，哪怕是我坐公司的车辆前往电视台、演讲现场或者活动现场的时候，也会气定神闲地录制文稿。这个办法大大提高了我的写作效率。

在我录制那些浪漫片段的时候，给我开车的年轻员工还会感到有点尴尬。总之，我把录制当成了必杀技，总算顺利度过了那段时光。虽然我已经很忙了，但每天晚上还是会去银座、六本木、麻布十番等繁华地段喝酒。有时喝到凌晨两三点，有时干脆通宵。我到底是怎么挤出这些时间的呢？说到底还是状态好。我早上起来就开始写稿，傍晚还要参与两个电视台的节目录制。即便这么忙，大半夜我该喝还是照样喝。我就是逞能，就是想给大家看到我的状态很棒。

但我的内心其实并不充实，喝酒也是因为内心空虚。有时候空虚袭来，我好似身处地下深处一般孤寂无依。那时候我从未感受到一丝一毫的幸福。

如今我经常要去复诊，还要靠护工帮忙我才能洗澡，每天都要坐轮椅。我每天早上起床都会先查看手机，看有没有人给我发信息，或者看看推特上发生了什么新鲜事，之后边听广播边看报纸。这些时刻，我感受到幸福终于降临。内心充实的力量真是不可思议，竟然能让人瞬间感受到喜悦。

从床铺移动到轮椅的过程，我感到春风拂面，幸福洋溢。我现在每天使用手机和电脑的时间上限是6个小时。我每天都告诉自己：你看，现在每天还能用5个多小时的电脑呢！我这就把昨晚大脑里想象的小说高潮部分写下来。想到此处，我的心中又掀起了幸福的浪花。

当你抱怨着幸福怎么还不来的时候，其实幸福早就偷偷溜走了。

为了避免疼痛，我不得不轻手轻脚，还要注意不要让腰部受伤。坐轮椅更是一件困难的事，但我还是能感受到实实在在的幸福，它就发生在我的身上。

勇敢面对失去希望的现实

有时候，我们可以失去希望。
虽然我不知道，
你的希望是否会一时一个样，
但只是内心充满希望是做不成任何事的。
当你了解这一切后，
就能与被所谓的"希望"折磨的自己作别，
勇敢地面对失去希望的现实。
此时，东山再起、卷土重来，
才是你真正值得努力的方向。

"永远不要失去希望",这种漂亮话最好少说。我已经是一个80多岁的老爷爷了,我曾经有好几次,不,应该说是有好几十次彻底失望的经历。

下面我就来谈谈我儿时的经历,让你了解一下所谓的"希望"是多么不堪一击。"希望"就好像风中残烛,哪经得起许多风浪?

我的故乡在伊豆的海边,父亲是旧日本铁路公司的员工。等我稍微懂点事的时候,因为父亲工作调动,我们全家搬到了东京下辖的小金井市(当时还只是个町)。搬家后,我就在当地的小学读书了。这所学校是每个年级只有一个班级的分校,我从小学五年级开始,就又去了总校上课。但是,正当我准备从分校转到总校的时候,学校又改了规定,从小学六年级开始,又要回到分校上课。

毕竟,当年每个年级能有两个班级,每个班级有35个学生就已经算是很奢侈、很理想的安排了。一想到明年春天，我就是这所小学的第一批毕业生了，我的心里又点起了希望的火苗。于是我下定决心，再熬一年我就考公立名校，读一所像样的初中。紧接着我就开始备考了。暑假之后，我们班除了我，又有两个学生决定不考本地的初中，其中一个人想要考知名大学的附属初中，另一个人的志愿跟我一样。

班主任S老师在升学指导课上对我说："志茂田同学，你报的这所学校要考的科目太多了。你的语文、社会两科成绩特别好，但理科成绩不太理想。你目前的总分比这所学校历年的平均录取分低一些，而且这所学校的音乐和体育是笔试。"

S老师轻轻地摇了摇头，继续说道："如果你成绩再好点或许还有希望。要不你还是读一所一般的中学，等中考的时候再努力吧。"

按理说我应该"听人劝吃饱饭"，但老师的这番话太让我失望了。我眼前希望的烛火被她无情地浇灭了。我因此郁闷了好一阵子。

我5岁的时候患过耳疾,之后虽然治愈了,但还是有轻微听障。我连音阶的高低都分不出来,更谈不上喜欢音乐了。小学的时候,我的体质很差,上体育课的时候只能在旁边看着。我报考的初中居然要考音乐和体育,我真是"撞在枪口上"了。

但是第二学期刚过一半,我的希望蜡烛又被点亮了,而带给我这个希望的还是那位S老师。

"马上就是你们这届的最后一次艺术节了。你们是低年级学生的学长、学姐,老师希望你们演一个课本剧,给学弟学妹们留个纪念。我想让你们演《杜子春》[①],你就演主角杜子春吧?"

除了我们班,隔壁班还有两三个学生想要报考

---

① 芥川龙之介的小说,故事内容是从中国唐代的同名故事取材而来的。——译者注

公立和私立大学的附属初中。他们都在备考，没时间参加排练，所以才轮到我当一回主角。但即便如此我也很开心。

艺术节当天，我们的《杜子春》即将开演，台下坐满了来看我们演出的家长。最后一幕一结束，台下就爆发了雷鸣般的掌声。大幕一拉下，我没换下戏服就扑进了S老师的怀里，我们开心地抱在了一起。我的眼泪扑簌簌地流了下来，老师的眼眶也红了。

我在母校留下了感动，我的梦想实现了。

我们常说"失去希望"，但这又有什么大不了的呢？只是怀揣希望其实没有任何意义。

如果只是抱有"粉饰太平"的希望，那我劝你还是早点丢掉它。有时候，希望只能帮你探探路，但如果你真的到达不了希望的彼岸，那还不如没有希望来得轻松。

失望了，就重整旗鼓，但这次请把希望寄托在自己身上！

失败了也要站起来

人生要经历许多次失败。
其实，失败也不是坏事，
没有必要因为失败而悔恨，
也没有必要因此一蹶不振。
果断抽身，
既显得你更加灵活，
周围人也会对你充满期待，
从而愿意拉你一把。

人生要面对很多挑战。失败了也没关系，赶紧调头转身就好。

既然人生要经历那么多场战斗，偶尔输一两回就不算什么事儿了。只要让"努力"深深地扎根，它就一定能开出美丽的花朵。

我曾经在一个月内接连经历了两件让我终生难忘的事情。那是1980年的夏天，我凭借《黄牙传》一书（讲谈社）获得了第83届直木奖。之后，我高中母校的棒球部在西东京棒球高校联赛上取得了冠军，成为第一所获得参加甲子园棒球大赛资格的都立高中。

我的母校是可以与日比谷高中和东京都立西高中相媲美的名校。母校的棒球队"杀"进了甲子园，整个国立市都沸腾了！

我受到某家体育报刊的邀请，一边在网上观

赛，一边写报道。媒体都喜欢"都立之星""文武双全"之类的噱头，所以在甲子园现场的观众中，有80%都是支持我的母校的。

预选赛共8场比赛，一共打了81局，被誉为"明日之星"的投手I每次投球时，整个甲子园都会爆发出响彻天空的欢呼声，不知道的还以为球场里跑进了"哥斯拉"呢！

我这辈子还是第一次听到那么大声的呼喊声，我估计这也算是"前无古人，后无来者"的"绝响"了。

我们的对手是和歌山县箕岛高中的代表队，他们是热门冠军球队，比我们的实力强很多，就好比大人与小孩竞赛。体格方面，对方的平均身高在180厘米左右，个个虎背熊腰。而我母校的那位"明日之星"的身高不过167厘米，整支队伍的平均身高也只有171~172厘米。

但是对方明显紧张了！倒不是因为他们怕输了

丢人，而是着实被现场球迷的呐喊声吓傻了。

打了4局，双方互交"白卷"，我只能如实记录。

当时我心潮澎湃，想着要是我们能率先拿下1分，那局势可就不一样了。但是，箕岛高中到底是强队，第5局开始率先拔得头筹，此后他们的投手相继发力，我们毫无还手之力。

最后我们以0∶5败北。在报道的结尾中我这样写道："母校的全体球员用实力拼到了最后一秒。最后，我衷心祝贺箕岛高中取得冠军。"

彼时彼刻，球员、学生、校友、国立市市民还有来到甲子园为母校加油打气的观众们，想法是一样的。虽然失败，但我们无怨无悔，反而感到无比畅快。

我们没有因为失败而惋惜，也不会因失败而一蹶不振。实力所限，我们败得心服口服，淘汰得无怨无悔！能在鼓励和赞许中欣然退场，我想，这样的失败是难得的。

对于棒球部的球员来说,这是一次宝贵的经历。他们可以毫无遗憾地将球队托付给下一届学生,回到紧张忙碌的学习、备考生活中了。

顺带一提,这届高三学生,连同那位I投手,一共有4位被东京大学录取。

尽力而败,唯余清欢!

今天一定会顺利

我今天会不会倒霉？
你之所以有这种想法，
可能是因为你昨天和前天过得都不太好，
因此你今天的心态被影响了。
你要相信今天一定会顺利，
哪怕今天不顺利，明天也会好起来。
只有抑制住坏心情的逆流，
现实中的顺流才会出现。

不要总想着"今天又是不顺的一天"。

"我看我是掉进'沟'里了。前天不顺,昨天也不顺,就没好受过!"

别垂头丧气了!

下面提到的事情发生在我小学三年级时。因为我读的是一个年级只有一个班的分校,所以升年级之后,全班还是那几张熟悉的面孔。

随着年级越升越高,大部分人都学会"单杠卷身上[①]"了,全班只有两个男同学没有学会,其中一个就是我。

有一天上体育课,老师让我们练习单杠。大家都看着我,本来我一咬牙就能上去的,结果我的手一打滑,从单杠上摔了下来。同学们哄堂大笑,笑

---

① 以身体绕杠为轴的一种技术性动作。——编者注

得最起劲的是女同学们。太丢人了，我当时真想找个地缝钻进去。

放学回家后，父亲看出我在学校丢脸了，于是在院子里给我安装了一个高一米五左右的单杠。每天放学回家我都要练好几十次"单杠卷身上"。

日复一日，只要不下雨我都会练习。

"算了吧，你别勉强了。"就连我的二姐也劝我放弃。我的手被磨出了水疱，有的地方甚至已经渗血了，但我还是坚持练习。"我说大树（我的小名）啊，你别练了，别把身体练坏了。"即便母亲也来劝我放弃，我依然选择坚持到底。

父亲明知道我不会成功，但还是在一旁守着我。每次练完之后，他都会对我说"做得好"。有时候父亲会从厕所的小窗里偷看我练习，不过我早就发现他了。我从来没想过"今天肯定练不成了，再练也没用了"。我一直告诉自己"今天一定能练成"。或许从小窗里偷看我的父亲也是这样想的。

后来我终于练成了,努力没有白费。那天我灵活地翻过了单杠。那时的兴奋、喜悦之情至今仍旧在我的脑中激荡。请你相信,今天一定会更好。哪怕今天不顺利,明天也会更好!

想做就做吧

人生不能重来,
想做就做,别留遗憾。
至于做得好还是不好,都无所谓。

我在大学有位姓R的学长,他接手了家里的小公司。这家公司后来发展到有七八十名员工,成了一家很不错的中小企业。10年前,他把公司交给了自己的儿子,于是他赋闲在家,乐得逍遥自在。

我们每半年见一次面,在一起喝两杯。酒过三巡,他开始跟我诉苦。

"我不是继承家业了嘛,当年我也很烦恼。当时家里人说我要是不继承家业就是不孝,没办法,我只能放弃了学美术的理想。原先我总是想,要是我学美术可能比现在过得更好……"

R想当雕塑家,高中时期他的作品就达到了参展的水平。

"你现在把雕塑再捡起来重新学不就行了?"

"我早就没有那个心气儿了!放弃后我就已经和过去道别了。"

R满脸写着失落,喝光了杯里的烧酒。

我想,他的企业做得那么好,居然还有这种遗憾,真是身在福中不知福。

我还有一位开诊所的医生朋友,那年他的夫人去世了,于是他索性关了自己开在日本的诊所,到西班牙开了一个小酒庄。他的酒庄里有一个用来烧制陶器的土窑,他开的红酒馆用的就是他自己做的酒杯。他爱喝红酒又喜欢做陶艺,因此才有了这个奇怪的组合。

多年后他回日本了,回来时几乎身无分文,而且他也没有一儿半女,所以只能去养老院住。每次见到朋友,他都会说:"我把我想做的事都做了,我无怨无悔。"

所以,想做什么就去做吧,做好做坏无所谓,这样你的人生才丰富多彩。

R没有完成自己的心愿,而那位医生朋友完成了自己的心愿,他们的经历或许能给你一点启示吧?

顺带一提，我最近总是听到一个模糊的声音："你都做了什么啊？"这是在批评我吗？

人家都说"少年郎多愁善感"，可是我就算是上大学的时候也没有什么特别想做的事，所以进入社会之后，我才会接二连三地换工作。我一开始是做销售工作的，这个岗位要靠业绩说话，还得低声下气。后来我也当过侦探、信誉调查员，这些工作更是要看人眼色。再后来我又做过建筑业、铁路、电视类相关报刊的记者。

我是一步步地走向作家的道路的，虽然没怎么注意，但我内心深处的那个"作家梦"时不时地会让我的内心激荡。这个梦一遍遍地涌上我的心头，一遍遍地说服我朝着对的方向前进。

恕我再啰唆一遍：想做就做，别留遗憾。至于做得好还是不好，无所谓。

认真做就好

努力和坚持才是成长的秘诀。
有些时候，我们不需要想太多，
只要努力和坚持就够了。
当然，你也可以有意识地努力和坚持。
因为这是天性使然的，
只要认真做，就能有成果。

每个人都知道努力的意义,而我们更应该懂得什么是坚持。下面我就从新的角度来分析一下努力和坚持的力量。

小学高年级的时候,我就能读懂大人们读的小说了。其实这也算是一种"早熟",但我们还是美其名曰"文学少年""文学青年"吧。

28岁那年,我才开始想要成为作家,等到29岁,我就凭借自己写的小说参加了新人奖的评选。但是回想起来,我之所以选择成为作家,也不是拍脑袋随便决定的。

小学六年级的艺术节,S老师指名让我当了一回课本剧的主演。后来她又给我布置了新任务:"毕业典礼你就作为毕业生代表演讲吧,演讲稿你要自己写哦。"

我们班有好几个学生的文笔都不错。我的成绩虽然不差,但算不上一流,不过老师表扬过我的作文"写得实在太好了,而且写出了别人写不出的感情,令人印象深刻",所以我欣然接受了作为毕业生代表演讲的任务。

上了初中之后,每门课程都由不同的老师讲授。我们的语文老师是一位刚从公立大学毕业两三年的女老师Y。她会把国木田独步[①]的《武藏野》作为我们的教科书,还会挑一些经典章节让学生朗读。

轮到我朗读的时候,我有些紧张。结果读到"杂树林"的时候,全班同学哄堂大笑。原来是我把"杂树林"(zou ki ba ya shi)读成了"闸树林"(dou ki ba ya shi)。

那时候我分不太出浊音[②]的区别,所以有时候会把"杂货"(zaaka ya)读成"闸货"(daaka ya),

---

① 日本小说家、诗人。——编者注
② 在几行假名的右上角加上两点就变成了浊音,发音时声带会振动。——译者注

把"全体"(zen tai)读成"den tai"。

当时我心里难受极了,后来通过拼命练习,终于改了过来。

上学的时候还有这样一件事。兼职的时候我主要负责店面的清洁,当时认识了几个其他大学的朋友。有一次他们连续请了两三天假,我还给他们写了明信片。为什么要写明信片呢?因为当年手机还没有普及,而且我知道他们租住的公寓的地址,所以用明信片联系最方便了。

他们回来上班后,其中有一个朋友让我代笔给他的女朋友写信,因为他觉得我给他写的明信片文笔很好。

原来,这个朋友前两天跟女朋友闹别扭了,现在想写封信求复合。我明白了其中缘由,就写了一封用情至深的信。我写完之后,他工工整整地抄了一遍就寄出了。

一周后,我见到他,问他后续如何。他给我比了个"好"的手势,并爽朗一笑。看来真的是万事都好了呢!

后来,我进入一家公司工作,不久后就跟一位女同事走到了一起,于是我也是有对象的人了。可好景不长,有一次我们大吵了一架,我说"分手吧",她什么都没说,只是呆呆地看着我。

本以为我们就这样相忘于江湖了,但我发现,没有她我真的很痛苦,我后悔极了。过了四五天后,我就给她写信求复合。

我给大家分享一下我写的求和信的前几行吧。

2号的清晨,初秋的冰雨纷纷而下,我突然想去长野县的野尻湖游玩。当年我没考上大学,怅然若失之时就在野尻湖湖畔的旅馆留宿了一夜。那时,暮霭沉沉,湖面上一片凄凉……

算了,不骗你们了!我承认,我从来没去过野尻湖，写信的时候没有、考试落榜的时候没有，哪怕是现在我也没去过那里。但是，全靠这封信，我们复合了。之后我们又谈了2年恋爱，最后结婚了。

我的新娘、我那糟糠之妻（我也是他的"糟糠之夫"）至今都保留着我写的那封写于野尻湖的信。

言归正传。我虽然没有从小立志当作家，但正所谓因缘际会，我经常有机会写两笔，不知不觉就走上了作家的道路。但正因如此，我才能在不知不觉中努力地写作，坚持不懈地写作。

如果你不知不觉地坚持并努力地做一件事，那么总有一天你会灵光闪现，发现原来路就在脚下，这时你应该把这份努力和坚持保持下去。哪怕不是你自己发现的，而是别人提醒你"这就是你的路"，你也应该继续努力与坚持。

努力吧，繁花似锦的前程在等着你！

年少有为知进退

有人年少有为,
有人大器晚成,
这就是人生。
而且这不过是人生的一个片段。
既然是片段,你何须太用心,
每个人有每个人的活法。

满园樱花各相异，也有早开也有迟。但是运动能力没有"大器晚成"之说。

20多岁的人，100米跑进10秒以内的大有人在，但你听说过50多岁的人还能拿到奥运会短跑奖牌的吗？

除了运动，其他领域都不应该总是拿年龄说事。莫扎特35岁就离开了人世，他5岁就写出了《C大调小步舞曲》，可谓是神童了。如果他能长命百岁，那一定会留下更多的好作品。

虽说柴可夫斯基大器晚成，但他14岁时，为了纪念逝去的母亲，写出了一首圆舞曲。他一生只活了53年，却留下了许多享誉世界的名曲。不过，他所处的时代，53岁的寿命并不算短，可以说作为作曲家他的寿命已经算长的了。这么看来，他和英年早逝的莫扎特相比，确实算是大器晚成。

我不知道正在看本书的你是做什么工作的，也不知道你的理想是什么。但如果你的身边有人少年有为、平步青云，你也不用太过焦虑。

每个人的生命中都会遇到光辉时刻，但每个人的光辉时刻都是不同的，或早或晚，或长或短。等你到了发光的时候，也会时来运转，说不定还能赶超他人呢。

不论多么精彩，那都是别人的人生。你们的人生旅程是不一样的，而且可能还没到"赛点"呢！

你只要坚持不懈地努力，磨炼自己的才能、特长和智慧就够了。

第3章
人们应该互帮互助

愿你天黑有人牵

工作往来另当别论,
总有人可以帮我们分担痛苦,
也总有人可以和我们共享快乐。
我们总习惯寻找那些
与自己的感情或"波长"合拍的人。
虽然建立多种多样的人际关系也不错,
但那些与你一同欢乐,
一同哀伤,
天生就拥有合拍波长的朋友,
必然更值得你珍惜。

"人生得一知己足矣",这句话有理。但是,即便算不上是终身挚友,你至少也有四五个密友吧?

有一次,我遇到一件喜事想跟朋友分享,于是就约A一起喝酒。他听了之后也很高兴。但是我们越喝越聊不下去,我总感觉跟他聊不到一块儿,但这也没办法。

以前我遇到闹心事就会跟他倾诉,那时候我们聊得挺好,从不拌嘴。他当然也愿意跟我聊天,这大概是因为我们俩的"波长"匹配上了。

我想,这次要是把B叫来就好了。B当然不是我和A的和事佬,但B想法很积极,他全身上下似乎总是带着欢快的电波。跟我聊得最多、最好的就是B了,或许因为我也是个乐观的人吧。

我跟A见面比较少,想来他更多的时候也是跟与他合拍的朋友交流吧。

"合拍"就好比季节，我是春天开的花，A是秋天开的花，我们两个人的交集还是太少了。到了冬天，我已经成为残枝败叶，如果遇到原本在春天或秋天开花的叶子花[1]，我反而会感到伤心。

有些人能和你分享快乐，而有些人只能帮你分担苦难，我们会下意识地寻找在情绪上与我们"波长"相近的人。

终生的挚友、知己，得一足矣。和他在一起，你不用在意此时此刻的"波长"，喜怒哀乐都能跟他共享。而这样的人，自然也是朋友遍天下。

是啊，我的挚友C就是这样的人，他在我心中拥有独特的位置。我居然忘了跟你们说他的故事了。

C给人的感觉就好像冬天的枯木，但他对生活的态度可不像枯枝败叶。他的内心真的很丰富，不过他总给人孤独寂寥的感觉。

---

[1] 花期可从11月起至第二年6月。——编者注

我记得我从来没有跟A和B抱怨过什么。虽然我们的想法不同，但"波长"还是比较匹配的，因此我不会跟他们抱怨什么。然而有时候我想表达的除了抱怨还是抱怨。此时，C会完全接纳我的那些抱怨。我本身不是个话多的人，但一遇到他我就会滔滔不绝地讲自己的烦心事，而他只是重复着"嗯嗯""是嘛""明白了""原来是这样"这四句话。

他偶尔也会发表几句意见，但我已经忘了。总之，每次和他见面，我都能痛痛快快地把自己的苦水倒出来。C好像是把他人的抱怨当成自己的养料了。

总之，C是一位难得的朋友，感谢他有时大老远地来找我只是为了听我唠叨。

与人为善，予己为善

所谓的善意，
最好是那种两三天就能被人遗忘的，
却让人感觉和风细雨，
充满人情味，
接受的一方会把它铭刻在心。
在生死关头，
如果你发现有人对你关怀备至，
或许你就能改变想法，
抓住一线生机，努力地生存下去。
善意是循环往复的。

来自别人的关怀,哪怕只是细微的关怀,也能让我倍感温暖。

一个人会不会关怀他人,主要看他的人品。没有善心的人是不会关怀他人的,而且他可能会怀疑身边的人接近自己都是为了利益,于是日防夜防,更不会与人为善了。而那些懂得知足的人,其内心充实,对人也更和善。

学生时代,我有一段时间沉迷去现场观看体育比赛。我没去离我更近一些的东京的体育馆,而是大老远跑到千叶县的体育馆。每次去千叶县都好像是一次短途旅行,我会约几个熟人见上一面。如果喜欢的运动员赢了,我就会开心地回东京,去中野和高原寺附近的酒馆喝一顿。要是喜欢的运动员输了,我就罚自己步行到中山站。那时候我的兜里一般只剩下七八十日元了。我习惯在公交卡的卡套里多塞一张500日元，这500日元是从东京站回家的路费，以备不时之需。如果我走得够快，从体育馆走到中山站用不了20分钟。

那天，我刚走到检票口附近，突然看到一个中学生模样的男孩子，他脸色煞白，显得很狼狈。我刚好跟他四目相对，于是，他急忙跑到我的身边，问我借钱坐车。我看他一脸恳切的样子，觉得他肯定是遇到难处了。虽然我没了车钱也很麻烦，但还是把那张500日元的钞票递了过去。

我本不期待他能还钱，所以没有和他多说什么，可对方却向我保证一定会还钱，还让我留下了姓名和地址。他再三向我道谢，然后消失在了检票口的人流之中。

我用通勤卡坐到了离大学最近的一站，最终总算回到了宿舍，但我总觉得这一路走来确实费劲。

之后又过了六七年。有一天我刚到家，母亲就告诉我家里来客人了。对方是一个20多岁、穿着学生装的男孩，他见到我急忙满脸堆笑，还向我行了个礼。

"我是之前在中山站跟您借钱的……"

我想起来了。他掏出一个信封递给我，里面应该是还我的500日元。他又递给我一盒点心，我打开包装一看，盒子里还有1万日元的购物券。

我急忙拒绝："你这么客气干吗？"听了这话，他怯生生地表示，这是他的一片心意，希望我能收下。我拗不过他，最后还是收下了礼物。

我们畅谈了半小时。我想起他当年狼狈的样子，不知道是出了什么事，于是好奇地问他当时的情况。

"太谢谢您了！我当时真的是到了生死关头。至于具体发生了什么事情，我不能说，实在不好意思。"既然他都说到这份儿上了，我也只好不再打听。但500日元以内的车票，也去不了太远的地方，估计他也是求救去了。

世间之事林林总总，与人为善不求回报，一件小事说不定哪天就忘了。可受到你帮助的人，可能会一直记住你的好，鞭策自己努力奋斗，早晚有一天会报答你的恩情，并把善意传递给更多的人。

与人为善者也必然会被他人温柔以待。所以，请尽量对他人好一些。

陪伴是最好的安慰

如果你看到有人因陷入痛苦而不能自拔，
千万不要跟他说"大家不都这样嘛"，
这样只会让他更痛苦。

当你看到有人心事重重、愁眉不展时，你会怎么安慰他呢？

如果你对他说："你很痛苦吗？"那对方就会更伤感。于是你便想给他加油打气。

假设对方对你点了点头。然后你说："你为什么感到痛苦呢？"

但这也不是个好办法。人家有心事肯定想找人倾诉，或者他还需要些时间才能说出口。

我们再假设，接下来他把自己的烦心事告诉了你。于是你心想"不就是这么点事嘛"，然后说道："大家不都这样嘛！"

实际上，这句话你千万不能说。虽然在你看来，这可能真的不算个事儿，但如果对方很敏感，那么你的这句话就很伤人了。人家又没打算让你一起承受痛苦，他只是想让你知道他现在很难过而已。

试着站在对方的立场上来理解对方的痛苦吧。让对方知道，你关心他，你愿意陪伴他。

既然要陪伴，就先把你的那一套先入为主的观点和预判放一放，多体谅他人的心情。先入为主和预判就好像一把把刀，直插对方的内心。而且推测对方的想法，就好像隔着窗帘看风景，你肯定看不出个所以然。

因此，就请带着诚意去陪伴对方吧。如果你硬要掀开那层窗帘，可能会让对方厌恶，有时候对方甚至还会感觉受到伤害。

只有真正理解对方的想法，你先入为主的观点和预判才会消失，就好像窗帘一下子被拉开了一样。之后只要让对方感受到你的温柔就行了，这对他来说已经是莫大的帮助了。

对方明白你的心意，感到很安心，这样才会接受你的好意。这时他的内心才会真正被你拯救。这真是太难得了！

学会善待他人

善待他人。
善待他人本就没有高低贵贱之分。
即便周围的人嘲笑你，
说你何必如此，
也别忘了，那些被你善待的人
恰好渴望你的温柔。
好比在沙漠中发现了甘泉一样，他们对你充满感激，
这就是无可比拟的温柔啊！

我上大学时，正好赶上日本经济飞速发展，每个人对未来都充满了希望。那个时候刚好是第二次世界大战后美国文化渗透到日本最深的时期，大街小巷满是取了英文名的酒吧。这些酒吧里一般都会有一台点唱机。

喝酒的方式也变多了，比如纯饮、"威士忌+苏打水"（Highball）等。人们在手边放一杯水用来清口，手里拿一杯威士忌，一口一口地抿着喝，这种喝法比"威士忌+苏打水"更地道。

如果酒吧里来了年轻女孩，你还可以邀请她们跳一支舞。再花10日元，就能在点唱机上点一首曲子。有时候大学社团还会在酒吧里举办舞会。

有一次，我参加了一所知名女子大学轻音乐社团举办的一场舞会。那些女孩们的出身都很好，舞会的氛围跟以往截然不同。舞会一开始，我就邀请了一位站在墙边的女孩跳舞,结果她婉拒了。此后我又接连被三位女孩拒绝。

我还是第一次这么不受待见。那三位女孩的反应几乎跟第一位女孩一样。等换了一首曲子后,我又去邀请别的女孩跳舞,可她们都不肯赏脸。

真丢人啊!后来有人发现了我接二连三地被拒绝,当时我真想找个地缝钻进去。于是我拿定主意,这首曲子一结束我就离开舞会现场。

我刚要起身,发现有个女孩一直在盯着我看。原来她自己跳了一会儿,想休息一下,就找了把椅子坐了下来。之前有好几个男孩邀请她跳舞,她都拒绝了。我敢说,她在那晚的舞会上算是艳压群芳了,就跟麦当娜似的。

我抱着碰碰运气的心态来到她的面前说:"能请你跳一支舞吗?"她莞尔一笑,站起身来。

我们跳了一支吉特巴①。她身姿曼妙,我跳得热汗直冒,她跳的时候真的很照顾我。

我想,今天真是遇到好人了。如果连她也拒绝我,我就只能带着羞愧从这儿逃出去了,而且我肯定要很久才能缓过来。

她对旁边的乐队说:"下一首请放慢歌。"

随后场内灯光昏暗,曲声悠扬,我们跳起了贴面舞。

"你怎么还戴着校徽啊?这次舞会应该只有K大、R大和A学院的学生参加才对啊?"我点了点头,表示自己才知道这件事。之后我又告诉她,是K大的朋友把票让给我的。

"太谢谢你了,要是你也不跟我跳舞,我实在是……"我发自内心地对她的善良表示感谢。

---

① 也音译为吉特巴格,又名水兵舞,交谊舞的一种,是一种随着爵士音乐节拍跳的快速四步舞。——译者注

善良没有高低贵贱之分。虽然她的善良算不上多么伟大，却让我感受到了人间真情，我好似在茫茫沙漠中发现了一眼清泉。这样的善良弥足珍贵，千金难买。

总有人默默守护你

虽然你可能没有发现,
但肯定有人在默默地守护着你。
这些人一定对你的未来充满了期待。
"没人对我有期待,
我只是凑合着过",
千万不要有这种想法!

没有人对你抱有期待？

别说傻话了！不管怎样，生活都要继续。

你先听我讲个故事。故事的主人公是在日本铁路公司（JR）中央线某车站附近开小酒馆的老爷子，我要讲的是他年轻时的往事。

老爷子学习厨艺的时候打架从没输过，他成宿喝酒，第二天一大早就回到店里打扫卫生。他说过："我要打架就赤手空拳地打，厨师打架绝对不能用刀。"

我跟他常常聊天聊到很晚，直到店里只剩下我一个客人。他跟我讲，有一次他把一个青年打得鼻青脸肿，之后对方把他约到一座神社里。

"我一见到他，他就亮出一把尖刀……我可不想死，但我要是夺下他的刀，肯定控制不住自己，会伤了他。结果对方并没有动手，而是盘腿坐在地上跟我讲起了道理。看来他不是万事要靠刀解决的人。我感觉自己瞬间就清醒了。"

从那以后,老爷子一心一意地学厨艺,再也没有别的心思了。

转眼间3年过去了。"我的师父有一天跟我说'你也学得差不多了,自己开家店吧'。刚好有两个人愿意借钱帮我开店。后来,师父和他俩各自出资三分之一,帮我开了一家店。"

那年,老爷子才25岁。

"我花了5年时间,把欠他们的钱都还上了。幡然悔悟之后的3年里,我拼了命地工作,想改头换面。大家都吓了一跳,看我的眼神也不一样了。我以前总是破罐子破摔,但其实还是有人看重我的。多亏了他们出资,我才能有一家自己的店。"

如果你觉得即便改头换面、重新来过也没人在乎你,那可就大错特错了,必然有人在默默地见证你的改变和成长。

所以，奋斗吧！为了自己，哪怕只是为了让自己看得起自己，也要把能做的事做到最好。

贬低你的人越多，
证明你越优秀

如果你知道，
有人在你面前对你百般夸赞，
背地里却对你冷嘲热讽，
那请你继续保持自信。
因为他们发自内心认可你，
所以才会对你大肆褒奖。
但是他们还十分妒忌你，
所以背地里要诋毁你，
这是因为他们的心态不平衡了。

有一本很有名的周刊，主要内容是电视节目导航和解说。

在我获得小说杂志新人奖前的三四年，曾经兼职担任这本期刊的记者长达半年。当时杂志社的主编很认可我的文笔，让我给他们当撰稿人。

一到交稿日期，编辑部里从早到晚都挤满了人。记者们都等着编辑来检查自己的电子版稿件。自由撰稿人K先生坐在我斜对面的桌子前，等着自己的电子版稿件过审。他当时正入迷地读着一本书。K先生比我年长两岁，主要负责写购物特辑。

主编对他的评价是：他是很优秀的撰稿人，但他的主战场应该是女性杂志J。

我边等边拿废稿纸折纸飞机玩。等我们交完稿件之后，编辑部才会开始忙起来，大家吵吵嚷嚷得好像打仗一样。不过现在还是暴风雨前的平静，时间宛如静止了一般，主编和编辑部的其他工作人员都不在办公室，整个编辑部只剩下我和K先生两人。

等编辑审完我们的初稿，他们就要加快速度改稿了。我也是为了给自己解压，才想到折纸飞机这个办法的。

这时候，编辑部来了两个男人，他们一进来就开始跟K先生寒暄。我猜他们是自由记者。

"您上周在J周刊刊载的特辑写得太好了！引起了很大的反响。"

"期刊刚一发售，我们杂志社的电话就被读者们打爆了，他们都说您的特辑写得好！"

两人你一句我一句地夸着，看来他们就是负责J杂志的记者，估计是路过编辑部附近，特意来恭维几句的。

由于直到那天半夜，我的稿子才被审完，因此我只能到编辑部附近的小酒馆喝点酒。

到了酒馆，我发现白天来找K先生的那两个人也在。因为我和他们并不认识,所以我就径直到吧台喝酒了。此时,我听到他俩醉醺醺地咒骂着K先生,而且话越说越难听。

"那家伙也太傲慢了!我们又不是他的奴隶,要是没有我们给他审校,他能写出什么?连一句'谢谢'都不会说吗?"

"没办法啊!人家是名人。他在出版社的那些高管面前卑躬屈膝,见到我们就又变成老爷了。"

从他们俩的话中,我听出了两个字——嫉妒。

虽然他们的嘴巴痛快了,但能力始终不如人家,这种人不过是不甘心失败而已。他们其实是打心底认可K先生的才能的。他们在K先生面前一阵吹嘘夸耀,私底下却对他冷嘲热讽,这也不过是在给自己找心理平衡罢了。

次年,K先生与知名评论家立花隆在某大众杂志上各自发表了一篇曝光时任首相财产、人脉方面问题的文章,因而一举成名。但不到一年,K先生身患重疾，38岁就英年早逝了。

K先生在他的一篇随笔中写道："这世界上有些人，即便忙里偷闲也无所用心，只知道折纸飞机玩。"

看来他写的就是我了，我只能苦笑。

就算你知道有人当面对你百般夸赞，背后对你说三道四，也不要生气，反而应该更加自信才对。

成为疗愈他人的人

人际关系会让你疲惫，但也能治愈你的心灵。

人们应该相互依靠。

如果周围只有那些疗愈你的人，你也会变得抑郁。

因为正是有那些让你疲惫的人，

你才会获得一个被人疗愈走出阴影的机会。

我们每个人都可能会让他人感到疲惫，

当然我们也能疗愈某些人的心灵。

这需要你的自觉。

虽然我有一段时间每天晚上都会去喝酒,但我也不会像上班打卡一样,只光顾一家店。

心情不同,我去的店也不同。不过,虽然说是"看心情",但我也会下意识地做出选择。

有一次,我有一部长篇小说快到交稿日期了,但我怎么也想不出结局应该怎么写。我想不如明天再写,先喝酒,但出门之后心里还是很着急。

一想到酒馆,我的脑海里就会浮现出这样的场景:店里熙熙攘攘,还有几个熟客……坐着的都是老面孔。

等我到了酒馆,果然看到几个相熟的朋友。大家把酒言欢,好不热闹。我们喝得尽兴,我心里的焦虑也烟消云散了。但当我走出酒馆,发现原来自己的焦虑根本没有得到缓解,它只是暂时潜入了我内心的更深处,而现在反而更严重了。

这时，我想起来曾经光顾过一位中年女性开的小饭店。于是，我又自然而然地来到了那家店的门口。我进去以后，一杯酒还没下肚，邻座比我早来的客人就急急忙忙地付钱要走，说是要赶地铁。

这位老板娘不是那种爱说爱笑的类型，反而看上去有些木讷。

"今天工作辛苦了吧？"她好像读懂了我的神色，但并没有进一步追问。

"嗯。"我回答得也模棱两可。

我们有一搭没一搭地聊着，但没有人刨根问底。这时我发现，心里郁积的焦虑逐渐露出了头，然后消失在了空气中。

与人交往会让你感到疲惫，但也会治愈你的内心。但如果你身边都是那些以情动人、治愈你内心的人，你也会感到透不过气。反之，如果有一个吵吵嚷嚷、稍微有些霸道的朋友推你一把，或许你还能振作精神。但身边都是些"粗线条"的朋友也挺累的,我们还是需要那种"润物细无声"的治愈。但我们不能给不同类型的朋友安排不同的任务。或许A让你感到疲惫,但他能治愈B的心灵。

换句话说,要讲究平衡。人们互相依存,构成社会,只有保持平衡才能持续发展。所以,请与他人保持平衡,相互支撑吧。

包容别人，就是成就自己

如果你没来由地就想跟多年的朋友保持距离，

那只能证明你没有容人之量。

你太傲慢，

觉得自己已经不能再跟对方学到任何东西了。

如果你有足够的容人之量，

人与人的交情就是无限的。

从这个角度看，

每个人身上值得挖掘的东西都是无穷无尽的。

下面讲一个我父亲的故事。他曾是旧日本铁路公司工程部的员工。

父亲的领导毕业于旧学制的高等工业学校,姓Y。Y先生为人谦虚又懂得体恤他人,父亲十分敬佩他,他们成了一辈子的朋友。

我见过Y先生不下十次,也很了解他的人品。有一次,公司给Y先生安排了一个毕业于公立名校理工科的高才生当他的助理。这位高才生也十分敬佩Y先生,据父亲说,他们不像是上下级,更像是师徒关系。当然,Y先生也很照顾对方。

但是,在Y先生快退休的那几年,大家都发现这位下属开始有意疏远Y先生。哪怕是他荣升高位的时候,Y先生前来祝贺,他也只"嗯"了一声。

父亲看不下去了,就说了他两句。结果对方说:"那个老头子已经没有什么能教我的了,他还是自求多福吧！"

我记得父亲对母亲提到这件事的时候是这样说的："那小子将来好不了，他是把Y先生'吸干'了。哪有这么办事的人啊。他之所以变得傲慢，也是因为在Y先生身上挖不出什么东西了，真是高学历、低素质的垃圾！"

之后又过了十年。父亲参加了旧日本铁路公司退休人员的聚会。在这次聚会上，父亲得知了那位高才生的境况。

原来，那位高才生后来卷入了一件丑闻，不幸被相关部门追责，30多岁就被公司劝退了。看来他的傲慢确实让他付出了代价。

前辈的经验你可能一辈子都学不完。从某种意义上说，他们的经验是无穷无尽的。

父亲退休后一直生活得悠然自得。80岁那年，他有一次上厕所上了1个多小时。后来他越来越瘦，脸色也越来越难看。

我觉得他可能生病了。父亲的身体一直很健康，但他特别害怕看医生，这可就难办了。不出所料，母亲好几次劝他去医院看病，可他就是不去。急得母亲非常生气。

我心生一计：这事还得找Y先生帮忙。于是我将这件事拜托给了Y先生。他时不时地来我们家看望父亲，两人相谈甚欢。某天临回去的时候，Y先生话锋一转道："我看你的脸色很差啊，去医院看看吧。"

次日，父亲果真去了医院。10天之后，医院确诊父亲患上了直肠癌而且已经转移到了肺，仅剩3个月的寿命。医院给父亲装上了人工肛门，差不多一年后，父亲去世了。如果不是Y先生劝父亲治病，我们恐怕连最后尽孝的机会都没有。

Y先生总是能理解、包容我的父亲。

真心换背叛,你又何必伤感

被朋友背叛的时候,
就好像心脏被人用利刃猛扎了一刀。
但是如果对方请求你的原谅,
表示自己会痛改前非,
这时请你原谅对方。
但你们的关系不会和过去一样好了。
遭遇背叛并不会让你的人生"降级",
而是会让你学到很多。
从此你的人生又上了一个台阶。

不是自吹自擂，我从来没被朋友背叛过。或许是我这个人太迟钝了，即便别人骗了我，我也没有察觉。

"来者不拒，去者莫追"，这是我的处世格言，看上去是有些天真。有很多人最终与我分道扬镳，难不成他们都是背叛了我吗？我不是这么想的，迟钝也是一种巧妙的生存法则。

高中时代，我有一位朋友，毕业之后我们就再没联系过，20多年前他突然联系上了我。我们见面后，我刚想和他叙旧，结果他却先开口向我借钱，而且借的数目还不小。我问他为什么一下子借这么多钱，他说自己要创业，现在正是创业的好机会。结果话还没说到一半，他突然给我跪下了，一直在说"我这辈子就求你这一回，我还是第一回给人下跪啊"之类的。

在这之前，已经有两个人用自己的行为告诉我"下跪央求是不可信的"。这位朋友为了从我这里借到钱，主动成了不诚实的人。他哭天抹泪地央求我，而他的本钱则只有卑躬屈膝的态度而已。

之前的两个人的说辞几乎一致，但其中一个人却让我明白了什么样的跪是能让我接受的。如果对方真的犯下重大错误祈求我的原谅，那么他这一跪我是绝对受得起的。这一跪并不是所谓的权宜之计，只是对方希望得到你的原谅。

正因为已经有两个人用行动告诉我下跪不可信，所以这次也不例外，我当即就拒绝了他借钱的请求。

说个题外话，我曾经为了取材采访过一位朋友。他的好友向他借钱，万般无奈之下，他只能从银行取了一大笔钱借给了好友。我跟相熟的朋友说，我写小说需要采风，没想到他真的给我介绍了这一位。

虽然至今这个采访记录都没用上,但这位朋友对背叛自己的好友的怨气和不甘着实让我吃惊。

当他终于发觉好友从一开始就没打算还钱的那一刻,心脏好像被人扎了一刀。据他说,自己在这五六年里声嘶力竭地喊了好几千次"我饶不了你"。

看来这次意外把他的人生计划都打乱了。不过这位朋友有妻有子,所以决心重新开始。20年后,他们家的生活又回归正轨,家底也变得殷实。

但是,正当他的儿子也成家立业和妻子过起了轻松愉悦的生活之时,之前那个好友又出现了。那位好友虽然穿得很朴素,但看得出生活得还不错。对方当场给他们一家人跪了下来,表示自己虽然还不上钱,但如果有需要尽管吩咐,他一定会尽力完成。

"事情都这样了,我不原谅他又能怎么办呢?但我们之间的关系肯定回不到从前了。我不会看轻他,但我肯定要'更进一步',让他高攀不起!"

把怨恨朝着正确的方向调转，让自己更进一步，这才是原谅别人的正确方式。

知心密友无须太多

你的朋友数量用一只手能数得过来吗?
如果可以,这是好事。
知心朋友的数量,
本就不该那么多。
你最好能有一个密友,
不论遇到什么事,
他都能无条件地支持你。
想起烦心事,或是有不好的预感,
只要和他见一面,你的情绪就能稳定下来。
这才是最好的朋友的作用。

下面我想谈一谈"朋友",这可是我自认为的终极课题。

什么?你说你的朋友数量一只手就能数得过来?那真是天大的好事!

你的状况要是不好,所谓的朋友可能会随时变脸,朋友的数量也可能会随时清零。朋友是最不稳定的关系,好比"人生一浮萍,谁料聚与散"。最后你的朋友其实剩不了几个人,一只手就能数得过来了。

你的朋友中真的有能永远重视你、认可你的吗?不论你的心情再怎么糟糕,只要见到他,心情就会变得平静祥和,这样的朋友才是最好的朋友。

我有一位知心朋友,他的父亲是一位企业家,他是家里的老幺。虽然我也是家里的老幺,但我只不过出生于平凡的铁路工人家庭而已。

小学和初中我上的都是公立学校，高中就读于都立市高中，第一次高考落榜，一年后才考入大学学法律，大学期间留级两年才毕业。

而我的知心朋友的小学是在所谓的"幼稚舍①"，之后一路读到大学，人生顺利无阻。

虽然他没有我跳槽的次数多，但我们认识的时候，他已经换了三次工作。而且他之前工作的地方不是老牌企业就是知名企业，想来他的父母也从中打点了。

我和他的相识可谓是一段奇妙的缘分。

有一次，我去有乐町的小钢珠店玩，刚好找到了一个空位置。而他就站在我右边的那台机器前。我们当年打小钢珠几乎都是站着的，没有座位，一边站着一边还要用食指有节奏地按着按钮，随后台

---

① 即庆应义塾幼稚舍，隶属于庆应义塾大学，考入该小学后，原则上学生可以一路升学直到成为研究生。——译者注

面上就会蹦出四五个钢珠。但是,他偏偏用大拇指按按钮,但钢珠根本弹不远,当时感觉他并不太会玩。不过他的运气似乎特别好,虽然每次赢的都不多,但眼看着他也攒了好多小钢珠了。我下意识地说了一句"真厉害",他害羞地对我笑了笑。他看我的小钢珠快用完了,还把自己的小钢珠分给我不少。我当时心里就有了预感,觉得自己和他一定合得来。

从那以后,我们就成了朋友,并经常见面。我们有很多共同点,比如都是家里的老幺、哥哥都战死了等。我们明显的不同之处就是出生日期,不过我们都是第二次世界大战后的第二年(1946年)春天上的小学。

1945年春天,年长我15岁的哥哥将结霜的玻璃窗当作黑板,教我学假名。而平假名刚学到一半,哥哥就被征兵,同年8月战死在异乡。他和他的哥哥好像相差17岁。他的哥哥是大学毕业后就决定入伍的，小时候还教过他下日本将棋。

"虽然我学棋学得早，但到现在水平还是很差。"

第二次世界大战后他的哥哥虽然复员了，但几个月之后就因肺结核去世，想来也是当兵时留下的病吧。

我们都非常敬爱自己的兄长，而且我们的父母都对优秀的孩子逝去感到惋惜，而对活下来的我们时常感到失望，这又是我们的一个共同点。

我们一起去过很多地方玩，我和他在一起时总是很开心。

之后不到一年，我们的关系却疏远了，而且是自然而然地疏远了。但这就是最好的友谊啊。我们互相分享了人生中的某些时段，我们的相遇仿佛也是命中注定。不要想着会有"一辈子的朋友"，那太虚幻了，如果是真正的友谊，哪怕只有3天又何妨？

第4章
别担心，没关系，这就可以了

不要好高骛远

没必要太畏首畏尾,
设定一个明确的目标。
目标不需要太高,适合自己就好,
恰当的目标才能让你一直保持自信。
相信多年后,
你必然可以达到理想的状态,
或者实现当初的目标。

我认识一个很自傲的女性,她总是觉得自己是高不可攀的仙女,所以我对她一向敬而远之。

她的个性很强,聪明又迷人,而且她的气质是由内而外散发出来的。有好几个帅哥追求过她,结果都失败了。更有甚者对她百般纠缠,结果被她一巴掌打蔫了。

后来她恋爱了。看到她男朋友的时候,我非常吃惊。男方并不是什么风云人物。难道这个男生有什么其他的过人之处?也没有。虽然这已经是我遥远的青春回忆了,但我始终不明白为什么我们的仙女能看上这么一位普通人。

恋爱真是不可思议。但我认为,"癞蛤蟆吃天鹅肉"是只有在爱情里才会发生的奇迹,然而我又想错了。

高二下学期,我跟包括隔壁班的同学在内的7个关系好的同学偶尔放学会一起回家。我们一般会先去车站旁边的荞麦面馆一起吃晚餐。

某一天吃饭时，我们决定把自己的理想都说出来，然后大家一起盟誓。有人说要当医生，有人铁了心要考东京大学，有人要当建筑设计师，还有人想进贸易公司工作。这4位同学最后都达成了心愿。

只是那位想要考东京大学的同学是第二次才考上的，他从没参加过毕业后我们组织的同学会，而且谁也不知道他后来发展得怎样，我们估计他活得应该不太顺利。

剩下的那3位同学怎么样了呢？

当时，其中有一位同学刚刚当上学校登山社团的社长。虽然他将来会继承家业，继续开他家的餐馆，但他还是立志要攀登喜马拉雅山。毕业后他仍没有放弃登山，而是接连挑战了国外的各大高峰，不断磨炼技巧。后来他跟几个人组成了一支登山队，终于成功登顶喜马拉雅山8000米以上的处女峰。

我当时是电影社团的社长,所以我说自己将来想当电影导演。本来我是想说自己要当电影明星的,但怕被他们几个人笑话就没说。我的这种模棱两可的态度恰恰证明了我对自己的未来没有清晰的认识。

另外一个同学是学校棒球队的队长K,他是第四棒投手。

"等我上了大学,要么做主力投手,要么做主力打者!"K说得很是果断,结果却惹得大家嘘声一片。

当时我们学校的棒球队在整个东京的水平只是中等偏上,K的水平也很一般。学校之后花了20多年才第一次进入甲子园。而对于当年的我们来说,甲子园只会出现在梦里。

在日本大学棒球联盟中,东京六大学棒球联盟和东都大学棒球联盟实力最强。能在这两大联盟的球队中成为主力投手、主力打者的话,是相当不错的,而且将来很有机会成为职业棒球选手。

大学棒球队的选手都是高中棒球队中的佼佼者。K的梦想太远大了，好比"癞蛤蟆想吃天鹅肉"。

毕业后的一段时间，我们与K几乎失联了。后来听说他在关西上大学，还进了校棒球队。大三那年，我在体育报刊上看到了他的名字，他入选了东都大学棒球联盟的种子选手。后来我们才知道，他考上了T大学，他是在入学两年后才加盟了东都大学棒球联盟的。从那以后，我一直在体育报刊上跟踪着K的近况。

不知又过了多少年，在某届秋季棒球联盟赛上，他终于成为球队的主力打者。

太棒了！我兴奋得扔下了手里的报纸，连连拍手。看来，只要设定适合自己的目标，然后一步一个脚印地奋斗，最终一定能攀上那座高不可攀的山峰。

当年我们一起吃饭时，K并没有说自己一定要当职业棒球选手，可见那时他就非常了解自己的实力了。之后他虽然也在继续努力成为职业球员,但最终他还是进入了一支硬式棒球[①]业余队,为球队效力两三年后告别了棒球生涯。

多年后,我与K不期而遇,并成了挚友。原来这些年K一直在建筑公司工作,经常要跑工地。他的一生很短暂,不到60岁就确诊肺纤维化,67岁去世。

请大家抓紧时间确立自己的目标吧,但记得要适合自己哦。之后就一步一个脚印、一步一个台阶地行动起来,终有一日会登顶山峰,成就人生。

[①] 俗称"红线球",球面上的108针的缝线是其最大的特征。——编者注

停止自责吧

不论发生什么事都不要自责，
不要伤害自己的内心。
一旦养成了自责的坏习惯，
你身边的一切都会变得消极。
不论何时都要学会自我安慰，
这就够了。
天不会塌下来的！
习惯自责之后，
你就会把芝麻大点的事儿看得比天还大。

下面我要讲一个人的故事，年轻人可能不太认识他。他就是曾就职于富士电视台的已故自由主持人逸见正孝。

我曾经在他主持的节目《今夜多奋进》中唱过一首叫《2号车站》的歌，也参加过他主持的节目《阿武·逸见平成教育委员会》。

1993年，逸见做了胃癌手术。在医院住了一个月后他回到了工作岗位，不久后我就被《阿武·逸见平成教育委员会》节目组邀请担任特邀嘉宾。因为录制时间很长，所以嘉宾中途可以上厕所或者休息。我和逸见偶尔会在厕所遇到，好像我们约好了一起上厕所一样。

"看到您恢复过来我真的太高兴了，您和以前一样精神。"

"托您的福，"逸见轻描淡写地答道，接着他又问我,"志茂田先生,我看您好像有点累了。"

那段时间我确实很忙。书籍出版方面,我主要在筹备新书和文库本,2个月就要出3本书,演讲等各类活动也很多。可能逸见也猜到了我的情况,而且他大概也看出来我其实是心累。我也觉得那段时间我的心是最累的。我不是艺人,我只是上电视为博大家一笑而已,别人开心我也乐呵。

写作方面,我要从体验、采访、资料中收集素材,并做到"写我所想,言之有物",压力真的很大。

对我来说,上电视就是一个向世人展现自己的机会。让自己在人前亮相,然后带着畅快的心情继续回到写作的工作中去。

刚开始我觉得写作和参加综艺,这两件南辕北辙的事情都很有趣。但后来我才发现,这两件事让人都很痛苦。

唉,今天录制节目也好辛苦。明天短篇小说的截稿日期又要到了,还有新闻报道要写……天啊,让我缓口气吧。

那年初秋,逸见又患上了胃鳞癌。向社会公开自己的病情之后,他开始与病魔做斗争。遗憾的是,他没能等到新年就与世长辞了。

逸见实在是太擅长观察人了。那段时间我总感觉自己快撑不住了,我一直都在自责,但还是控制不住要挑剔自己。

那之后的2年里,不论是写作还是参加节目,我都感觉比之前轻松多了。但我的心态还是没变,我永远会先做自己喜欢的事。写作也是,只写自己想写的主题。

1996年秋天我开设了出版社,1998年我主办了读书会,1999年夏天我组建了"好孩子读书小队"。虽然出版社最终破产了,但"好孩子读书小队"的反响一直很好,在最鼎盛的时期,小队成员超过20位,行迹遍及全日本。直到现在我仍旧积极创作儿童读物和画册。

如果不是发自内心做一件事,那就有必要改正。如果不改,就是折磨自己,人也会变得越来越消极。这才是真的可怕。

让时间冲淡一切

虽说做事不应该拖泥带水,但这是人类的天性。

试图用相反的感情压抑内心,

内心反而会被这两种感情左右,

这样就更容易拖泥带水了。

不过,当你发现促使你拖延的力量变弱,

那就赶紧依靠坚强的意志做出行动。

犹豫不决、拖泥带水,

只能证明你还是太幼稚了!

永远不要对别人说"大丈夫不要讲儿女情长"。虽然有时候确实是这样,道理都懂,但真遇事难免还是会感情用事。

下面我再给大家讲一个故事。

上大学时,我有一个同年级、同专业的同学,但我们是在打工的时候才认识的。虽然我经常逃课,但我们至少也应该在大学语文、体育课这些大课上见过一两次面,可是我们就是从未见过。这也是有原因的,他几乎不上课,而是一直在外面兼职。他白天的工作强度已经接近普通上班族了,而且晚上还要再打一份工。

现在的年轻人大概想象不到,当年真的有人不勤工俭学就根本没钱念书。学费、生活费、伙食费哪样不要钱?他必须靠自己的双手养活自己。

因为他只能半工半读,所以像大学语文、体育课这类查出勤率的课,他只能参加补考才勉强拿到学分。

我曾经在他兼职的地方打过1个月的工,也正是在那里认识了他。

"你也是中央大学的啊?咱们年级、专业都一样啊!"因为是同学,我们瞬间感到惺惺相惜,可能这就是"青葱"岁月的特殊性吧。

有一天晚上,我们好不容易赶上最后一班电车,但已经没有回宿舍的班次了,我只能到他在东京租的公寓借宿。他的家里收拾得非常整洁,书柜里整整齐齐地放着法律专业的书籍和通识课本。让人意外的是,书柜里居然连一本娱乐性质的书都没有。

为了赚钱,他甚至会去工地打工。虽然很辛苦,但多少能赚点钱。

就是这样一位"寒门学子"居然在那年夏末恋爱了。我笑着劝他别为了恋爱浪费钱,不过这话放到现在就是歧视了。

因为我兼职工作的合同到期,所以很快就要有一段时间见不到他了。但那年年底,我们还是见了一面。那时候我得知,他被女朋友甩了,而且备受打击。

他白天和晚上都要工作,相当辛苦,所以瘦得快脱相了,几乎只剩下一副骨架。他边用手背抹着眼泪,边跟我说他是如何放不下那段感情以及对夺走他挚爱的男人的愤恨。

那时我太年轻了,只觉得他啰啰唆唆的,根本听不下去。

"哪有大老爷们像你这样的!你清醒一点儿吧!"听了我的这一句劝,他止住了哭,两眼直视着我道:"要是你,你怎么办?"

"让时间冲淡一切吧!再放不下也没办法啊!"我是根据经验说出的这句话。我刚上大学的那年秋天,与一位已经工作两年的姐姐谈过一段恋爱，但不到一年我们就分手了，我备受打击，花了快一年才缓过来。

听完我的建议，他对我说："我还是放不下，一闭上眼睛，我满脑子除了她就是那个男人！我真想把那小子打一顿，但你说得有道理，我会试试的。"

第二年，我给他兼职的公司打了通电话找他，结果对方说他去年年底就已经离职了，据说是回老家了。

留级的第一年，我为了修满体育学分，去上了团体课，下课后我直接回了学校。这种团体课是专门给我们这些学分不够的学生的福利，所以上课地点选在了后乐园球场（现东京巨蛋附近）后面的体操队用的操场。

上完课后，我准备回到位于御茶水的校区，路上去商店买了点东西，刚走出店门，就听到有人喊我的名字："喂，志茂田！"

我吃了一惊，连忙循着声音转身，看到那位

"寒门学子"笑呵呵地迎了上来。当时太阳还没落山，我们去学校附近的食堂兼酒馆聊天。原来他休学了1年回到老家，帮家里干了一段时间的活，最近又复学了。

当然，他早就走出了失恋的阴霾，而且他下定决心，毕业后就回老家工作了。

"我早把她忘了。我在老家木材厂工作的时候，心里还是想着她，结果走神受伤了。有时候我想她想得睡不着觉，但慢慢也就没那么思念了，你说得太对了！"

不要怕"儿女情长、英雄气短"，这是很自然的事情。越害怕，你就越走不出去，反而越陷越深。即便一时之间放不下，时间也会冲淡一切。一旦你的意志占据了上风，那就快刀斩乱麻，彻底跟过去划清界限吧！

好好休息一下吧

空有冲动,

其实并不是好事。

如果24小时都元气满满,

那么你早晚会抑郁,

因为持续这一状态是会影响生活的。

或许你现在真正需要的是好好休息一下。

精力太旺盛的结果是身心俱疲,

不要再继续焦虑了。

等真正需要你精力充沛的时候,

即便你不特别努力,

力量也会喷薄而出。

我认识一位每天都干劲满满的朋友。那时候我在给一家专业杂志写连载随笔，这个工作是一家编辑制作公司委托给我的。他们公司只有两三个人，我说的这位朋友既是主编也是老板。

　　这位朋友是个三十多岁、满脸油光的胖子。他来我的事务所拜访的时候，一进门就爽朗地笑着跟我打招呼。哪怕还没到截稿日，他也会来拜访我，还一个劲儿地说自己是顺路。他总是在每次截稿日的中午12点前赶到，但有一次我等到临近傍晚他都没来。那时候业内普遍都是用传真机发送稿件的，可这家公司的老板总是要看手稿。

　　我放心不下就想着打电话到他的公司问问情况，恰好此时一位年轻的姑娘找上门来，说是来取手稿的。我问："你们老板怎么了？"姑娘的脸上泛起一丝愁云道："在公司呢。他今天特别郁闷，连电话都不接。"

"'特别'？难道他平时是个沉默寡言的人？"我的直觉告诉我，这位老板在他们公司和来我公司的时候完全不一样。

"是啊，我们老板平时只会默默工作。"

"原来是这样啊。你们老板累坏了吧？替我带句话，让他别那么拼命了。"

结果不到10天，我就听说他们的老板住院了。看来他是把自己累垮了。他在医院休养了3个多月，其间他的妻子接手了他的工作，从那以后他们公司也用传真机接收稿件了。

强打精神，硬挤出笑容，这样的人活得太累了。疲劳和压力日积月累，早晚有一天身体会垮掉。

话说回来，你现在过得怎么样呢？什么？你说你跟这个老板有点像？那可不太好。趁现在放松一下身心吧，人生是一场持久战，不要太拼。

不要焦虑，想办法减少身心负担吧，这才是最好的选择。等你的身心处于不急不缓的状态时,即便你不特别努力,力量也会喷薄而出。

理解他人的痛苦，
是对自己的救赎

你是否有过十分痛苦，
却不被周围人理解的时候？
那可真难受啊！
但是，你所说的"周围人"
说不定也有自己的心结，
同样是满腹苦水呢！
当你理解了这一道理后，
那些跟你一样跨越了痛苦的人们，
也会理解你曾经的痛苦。

假如你和B不算朋友，但也不是陌生人，他现在特别痛苦。他总是长吁短叹，过了一段时间，他的整张脸都布满了愁云。你心地善良，想要找个机会关心他。

这时候A突然出现，问了B很多问题。但B似乎有难言之隐，只是说"有点累"。A听B这么说，就半批评半鼓励地说："大家都很累啊，你也要努力才行。加油！"

说者无意，听者有心，你这么善良，一定能理解B的感受。

到底是谁辛苦啊？大家都很累，也都在努力工作。但为什么要说出"大家都很累"这样的话呢？要是只要知道所有人都不容易就能打起精神继续努力，那世界上就没有人会患上心理疾病了。看来粗线条又爱管闲事的人往往会让人的心情变得更糟。

有人会说,既然大家都不容易,那就努力做完手里的工作就好。但是我们已经尽最大努力了,实在是太辛苦了,熬不住了。我们只是想让对方知道自己真的熬不住了。但即便了解这一切的人,也很难有效帮助一个真正陷入痛苦的人。

面对一个正陷入痛苦的人,你最应该做的是温柔地跟他分享你曾经遭遇或正在遭遇的苦难,哪怕你的痛苦不及他的一半。或者也可以跟他讲一讲比你们遭遇更大苦难的人是如何走出苦难的,这样对方才能理解你的良苦用心。

"每个人都有自己的难处。虽然我们心里都不好受,但只要尝试向前看、朝前走,把自己能做到的事情都做到就已经很棒了!"有了这种想法,他才能再次挺起胸膛。这才是有效的帮助。

今后你还要体验更多苦难,而且是不同形式的苦难。如果你跨过了一番苦难,那就总结经验教训吧。只要把你的痛苦经历说出来,就能拯救不少正在苦恼的人。你的经历必然会震撼他们的内心。

将不安化作希望

有些人担心不论自己做什么都会失败,

一辈子都不顺,

因此感到不安。

有些人不论做什么事都能获得成功,

但还是会担心有一天倒大霉,

所以感到不安。

人们不论生活得如何,

都会感到不安。

难道我们只能选择接受不安的情绪吗?

当然不是,

不安和希望其实是一体两面的。

我们要看到充满希望的那一面!

就算你发现自己一无是处、一事无成也不要苛责自己。那样显得很蠢，也不尊重自己。

地球上现在有80多亿人，但没有两个完全相同的人。用金子美铃①的话来说就是"大家都不同，大家都很好"。所以你可不能小瞧了自己，你出生的时候肯定具备一两样别人不具有的优点。如果你还没发现，那肯定是因为你太懒了。如果你发现了自己的优点，那就朝着这个方向努力吧！这次你绝对不会再失败了。

海伦·凯勒遭受了三重痛苦，因为残疾，她的生活遭遇百般障碍，但她仍旧努力发挥着自己的优势，带给世界上那些和她一样遭遇痛苦的人勇气和

---

① 金子美铃（1903—1930年），日本天才女诗人。——译者注

希望。如果你不太了解海伦·凯勒，请你去查找一下资料，这样你就能理解了。

你是否担心自己一辈子碌碌无为、一事无成？既然你想到这些，我想问你，如果你真的万事顺利、功成名就了呢？

等到那时候你反而会更加不安！你会想：一切都这么顺利，肯定不正常，可能我马上就要遭遇车祸了。想着想着，你的脑海里就只剩下"倒大霉"了。

不安其实很正常。如果一个人根本没有不安情绪，那么他就不是正常人了。不安就不安吧！不安和希望正好是硬币正反两面。不要试图摆脱焦虑，而要想办法把不安化为希望。

如今的世界让你的心中满是不安，但请相信希望就在前方。

别担心啦

不要担心,
没关系,
这样就可以了。
如果你的内心变得忧郁,
就可以反复念诵这个三句箴言。
很有效哦!

人类是永远不会停止担忧的。一大早起床我就开始担心这个，担心那个。后天要交5个随笔的稿子，我准备明天写，但直到今天我连主题都没想好。这种有来由的担心其实还是可以接受的。

我小时候经常杞人忧天。我甚至想过，要是明天太阳爆炸了可怎么办。后来我才知道，即使地球真的会耗尽能量，至少也还需要好几十亿年，但我还是想：万一某一条件发生变化，让太阳突然爆炸了怎么办？结果想了一晚上都没想明白。而太阳爆炸的概率近乎为零，要是真的爆炸了，我们人类也没有任何临时的应对措施。

小孩难免会想这些奇奇怪怪的事，杞人忧天也可以原谅。然而杞人忧天其实一文不值，但有根据的担忧是值得被肯定的。后天就到截稿日期了，我准备明天动笔，但今天主题还没想好——这确实是应该担忧的事。那么，今天我无论如何也要把主题定下，这种担忧是有充分理由的。

人们经常会有毫无来由的担忧，只是没有察觉到自己的担忧毫无根据。比如，今天你有一场重要的约会，你下定决心要提早20分钟到达约会地点，生怕迟到。这种程度的担忧是可以接受的。

等你坐上车，就开始想：如果这辆车遭遇交通事故，需要停运半小时可怎么办？这就是杞人忧天了。而且如果真的遇到事故，给约会的对象打个电话不就好了吗？

高考等成绩的时候心绪不宁，这也是毫无意义的担忧。交卷的时候分数就已经确定了，再着急也没用啊。

太积极有时候也会让人变得杞人忧天。比如设想：我要是得了诺贝尔文学奖，到时候发表获奖感言时，我一边说日语，一边让Lady Gaga给我同声传译，绝对会在媒体上火一把吧。

总而言之，尽量不要杞人忧天，生活才能更美好。如果你又控制不住自己，开始没来由地担忧，请重复默念以下三句话：

不要担心，

没关系，

这样就可以了。

这三句话拥有让你变冷静的魔力。

仰望星空发现星并不远

灰心丧气也没关系,
因为你确实遭遇了不幸,
但是那已经是过去式了。
如果你一直趴着,就只能看到地面。
难道你一辈子就这样了吗?
仰望苍穹吧!
上方以及前后左右都是无边无际的天空啊!
这就是生活!

虽然遭遇不幸，意志消沉在情理之中，但要适可而止。

我22岁的时候，有一个小我1岁的女生向我表白了，不过不是直接表白的。那个女生是我们小组的，跟我很投缘。

后来她找到我们组长，求他撮合我和她。我听说她喜欢我，感到很吃惊。我对她没有想法，而且这么长时间我也没看出她的心思。我想了一下，表示只想跟她做同学，婉拒了她的表白。

那时候，我的心情发生了微妙的波动，其实我也想和她谈恋爱，但我把这份感情压抑了。我没有后悔我的选择。虽然我没跟任何人提起，但我当时已经知道自己落下了太多学分，肯定是要留级了。而且我的父母都说我性格古怪，哪家姑娘跟了我，将来一定会后悔，他们对我也没信心。

后来，我发现那个女生再也不来参加小组学习了。我觉得这样的结局对我们俩都是好事。再后来，我果然留级了。留级的第一年我也退出了学习小组。

有一天，我从某个车站走出来。正在下楼梯的时候，我发现她正在上楼梯。我们还差五六级台阶的时候，四目相对，两个人都停了下来。

我记得当时我们互相盯着对方，接着我的右脚踏下一级台阶，她也继续向上走，然后我们就错开了视线。我感到很难受，想回头叫住她，但终究还是没喊出口。

后来又过了七八个月，学习小组的一位同学递给我一张明信片。我这才得知那个女生已经离世。

原来她被确诊白血病后，不到一个月就香消玉殒了。我的内心五味杂陈，惋惜、悔恨、自责……我自己也说不清到底是什么感受。我把明信片抚平，放进牛仔裤口袋便冲出了家门。我东走西窜，来到了空无一人的小公园，找了把阴凉处的长椅坐了下来。

我埋着头，眼里除了泥土什么都看不到。突然我的目光被一群蚂蚁吸引了。它们在排队"行军"。小时候我经常看蚂蚁排队，蹲在地上一看就是半天。我那时的想法跟小时候一样。

梅雨季快结束的时候，蚂蚁们不会再留守之前屯粮的地方，而是集体搬到新的蚁穴。它们排着整齐的队伍，把卵和储备粮往新家搬，队伍的左右两边还有蚂蚁负责警戒，还有些蚂蚁会掉队，懒懒散散地踱步，有的蚂蚁还会突然爬到同伴的身上。

真像一个小社会啊，为了搬家这个共同的目的一起工作，有掉队的，也有喜欢打架的……大家都有自己的个性。

看着这群蚂蚁，我的心情暂时回归了平静。我站起身来，往前走了几步，头顶上是一望无际的碧空。

我的故事讲完了。

你还在埋着头吗？满眼只有泥土？这样的人生多无趣。

仰望苍穹吧，上方以及前后左右都是无边无际的碧空啊！

这就是你的人生，这就是你的未来！

尾声

"说干就干。"我已经记不清说过多少次了。我缺乏勇气,容易害羞,不敢在人前表达自己。我经常感到害怕,担心自己表现不佳,常常暗自神伤,很是自卑。这些心头的伤痕日积月累地层层叠加,但我始终相信自己终有一日能走出阴霾。

为什么我有自信?难道是因为我的姐姐们比我大很多,我从小被她们批评、嘲笑,一路成长起来,逐渐变得坚强了?当然不是!要是我的姐姐们欺负我,爸爸妈妈肯定会帮我,而且会骂她们一顿。换句话说,我是被娇惯大的。因此小学的时候,我的身体很虚弱,样子也显得很懦弱。

当时我们班有45~46个学生,有3个是4月份出生的。我的生日比他们晚了不到一年,是下一年的3月25日。可要知道,六七岁的孩子,小一岁差距就很大了。4月份出生的同学里，有一个壮得跟大猩猩一样，还有一个大高个儿，这两人都是农民家的孩子，战争爆发的那几年他们家至少还能吃上地瓜和土豆，所以长得也结实。而我是铁路工人家庭出生的孩子，只能吃配给粮，所以长成了"豆芽菜"。第三个4月出生的同学是个女生，她给我的印象是个"母夜叉"。不好意思，那个年代还没有"胖虎[1]""骷髅13[2]"之类的说法，我只能这么形容。

我的身体虚弱而且5岁的时候又患上了耳疾导致轻度听障，听力不佳又让我发音不清。上学之前，大我15岁的大哥曾经教过我片假名和平假名，但平假名刚教到一半，我就发现自己耳背，舌头又不灵活，所以也只学了个半吊子。

老师问我问题，只要我一开口回答，班里就是

---

[1] "胖虎"出自动漫《哆啦A梦》。——译者注
[2] "骷髅13"出自同名动漫，是身高力大的人物。——译者注

笑声一片。我身体弱，力气比别人差一大截。运动会时，我们一年级的学生参加40米赛跑。倒数第二名跑过终点线的时候，我离终点线还差六七米呢！

这就是我的童年。换句话说，我身上背着的"包袱"不比二宫金次郎①身上背的柴禾轻！我每天从学校背着满满一书包的"自卑"回家，父母总会给我关爱和安慰。一天之内，遭遇却截然相反，我的心被撕成了两半。

我在学校总是想着"有人盯着我呢"，回到家后就会想"我会好起来的"。一面自怨自艾，一面乐天知命，这"自怨自艾"和"乐天知命"的个性对我之后的成长产生了深远的影响。

这就是本书的主题，你要是从尾声开始读起的

---

① 即二宫尊德，是日本江户时代后期著名的农政家和思想家。在日本近代被树为"勤勉、节俭、孝行、忠义"的国民道德典范，很多学校里都有金次郎背着柴禾读书的雕塑。——译者注

话，我就不在这里剧透了。

好了，就写到这吧。

如果你是从开头读起的，还希望你再读一遍。我衷心地希望大家都能安然走过无悔的一生，我也相信，你们一定能感受到我的真心实意。

光阴不弃，重逢有日！